I0485417

Claude La Gamba

Le diaphragme

Thoracique

* * *

Pour une nouvelle approche

des troubles du squelette

Matisse Avenue Science Books

Claude La Gamba

Le diaphragme thoracique

Pour une nouvelle approche des troubles du squelette

Matisse Avenue Science Books

Copyright © Claude La Gamba, 2015

Tous droits réservés. Toute reproduction, même partielle, de cet ouvrage est interdite. Une copie ou reproduction, par quelque procédé que ce soit, constitue une contrefaçon passible des peines prévues par le code de la propriété intellectuelle.

ISBN 978-1517051570

Claude La Gamba

Le diaphragme

Thoracique

* * *

Pour une nouvelle approche

des troubles du squelette

Etude des mécanismes costo-diaphragmatiques et de
leur relation avec la morphologie thoraco-vertébrale

Avant propos

Cette étude, réalisée sur une très longue période, porte son regard sur un sujet mettant en jeu des mécanismes complexes et intriqués, et s'adresse tout particulièrement aux spécialistes et aux chirurgiens orthopédistes qui disposent des moyens appropriés afin d'en tirer le meilleur parti.

Elle devrait amener le rhumatologue, ou le spécialiste de médecine physique, à prendre en compte des mécanismes qu'il ne connait pas.

Elle pourra également être fort utile à l'enseignement en médecine, afin notamment de corriger certaines idées reçues dont les applications ont souvent des effets néfastes. Les étudiants devraient, quant à eux, également en tirer un bénéfice certain.

Il m'a fallu une quinzaine d'années de travail afin d'assimiler une grande partie des paramètres liés à une fonction dont l'aboutissement est une détérioration discale.

Vous pouvez ajouter à cela une quinzaine d'années supplémentaires pour assimiler les liaisons inverses pour le paramétrage des corrections, et, si vous êtes courageux, vous pourrez, comme moi, tenter d'enseigner l'ensemble des mécanismes pendant la quinzaine d'années qui suit dans l'espoir d'être compris.

Car c'est bien de cela dont il s'agit, de la méconnaissance d'une fonction qui s'exerce près de deux millions de fois au cours d'une longue vie, une fonction pourtant restée jusqu'alors dans les limbes.

Comment expliquer cette méconnaissance ? C'est précisément l'objet de ce livre, à savoir l'étude des mécanismes costo-diaphragmatiques et de leur relation avec la morphologie thoraco-vertébrale, et de tenter d'expliquer une relation d'interdépendance, celle qui lie indissociablement le diaphragme thoracique et le squelette dans son ensemble.

Si une bêtise a pu allègrement traverser le dernier siècle plus que toute autre - je l'observe chaque fois que je traverse le bois de Vincennes - c'est celle qui consiste à se servir de sa musculature abdominale comme de ses biceps, pour tout un tas de raison. La musculature abdominale liée à la respiration est une horloge qui fonctionne avec le diaphragme trois à quatre fois par minute. Elle est thoraco-pelvienne attachée en bas au bassin et en haut au thorax dont elle suit tous les déplacements. Le fait de s'en servir comme d'un marteau pour réparer une montre Suisse provoque des désordres irréparables.

Les progrès réalisés par les chirurgiens orthopédistes sont considérables, cependant si nous voulons réduire le nombre d'interventions qui coûtent très cher nous devons pouvoir répondre à la question: comment ça marche ?

C'est à cette question que le livre tente d'apporter une réponse.

Claude La Gamba

1- Introduction

Le grand inconnu de la recherche médicale: le diaphragme

Quels rapports entre le diaphragme, des douleurs vertébrales, ou des pieds ?

La relation est difficile à établir, mais c'est tout simplement la verticale. Le diaphragme est le muscle chargé d'ouvrir et de fermer le thorax. Le thorax est fixé en arrière par des articulations aux 12 vertèbres dorsales, ce qui fait que la courbure dorsale ne peut pas se redresser, sans entrainer la cage thoracique d'une façon ou d'une autre.

Ce qui est surprenant, c'est que les médecins, pourtant familiarisés avec l'anatomie, n'aient pas établi de relation entre les douleurs squelettiques et la cage thoracique.

Pourtant, tous les efforts que nous faisons passent toujours par la cage thoracique. C'est encore plus sensible avec les efforts qui passent par les bras, dont la fixation aux omoplates entraine le thorax. En effet, les efforts des membres supérieurs passent toujours par un blocage de la respiration. En clair, cela veut dire l'intervention du thorax dans l'effort.

Mais le thorax est réglé par des mécanismes automatiques, du fait de leur fréquence liée à la respiration.

Chaque fois que nous avons un effort à faire, nous le préparons en faisant le meilleur choix afin que l'effort soit optimum, puis nous stoppons les mécanismes respiratoires.

Prenons un exemple simple: les travailleurs des chemins de fer, chargés de manipuler les rails. C'est très lourd et après quelques années on peut observer chez certains d'entre eux que leurs coudes restent légèrement pliés. Ils ne peuvent plus les redresser complètement.

Pour le diaphragme, qui a été réglé au départ pour ouvrir la cage thoracique dans les trois dimensions, vous obtenez les mêmes problèmes.

Si vous interrompez son fonctionnement plusieurs fois dans la journée, en introduisant par exemple une posture efficace pour votre effort, sa contraction finira par ressembler à ce que vous faites.

Vous pouvez perdre une des dimensions, comme le travailleur des chemins de fer, perd la dimension de l'extension du coude.

En rattachant la cage thoracique à ses liens articulaires avec le rachis, vous comprendrez mieux l'influence du thorax sur la colonne vertébrale, et par son intermédiaire, sur les troubles des membres inférieurs.

Mais, me direz-vous, les douleurs vertébrales ne sont pas l'apanage des travailleurs du rail, et vous avez raison.

On retrouve le travail répétitif mais sans effort. Ici, il ne s'agit pas d'interrompre le diaphragme pour un rendement à l'effort optimum, il s'agit d'organiser la posture à visée économique, car on fait toujours la même chose. Que ce soit debout ou assis, la même recherche se mettra en place: trouver une attitude moins contraignante. Heureusement, il arrive qu'elle se mette en place dans un système thoracique à trois dimensions et que tout se passe bien.

Mais, me direz-vous, moi je connais quelqu'un qui ne fait jamais d'effort, qui n'a pas un travail répétitif, et qui pourtant souffre du dos, c'est mon médecin !

Pour le réglage du diaphragme, afin d'ouvrir la cage thoracique dans les trois dimensions, c'est d'abord la nature qui fait le travail.

Nous le savons à cause des problèmes rencontrés chez les enfants. La nature ne fait pas toujours bien son travail, d'autant plus qu'en dehors de la fonction diaphragmatique, vous avez des mécanismes biologiques que les médecins connaissent bien, qui influent sur le développement osseux.

La dernière cause à laquelle il faut penser concerne le sujet jeune. Ici, ce n'est pas la nature qui est responsable. Nous voulons tous être les plus beaux, les plus forts, pour cela on dérègle parfois une mécanique bien huilée, en faisant souvent des bêtises. La facture est au bout.

Séparer les différents éléments du squelette est impossible. Pourtant, sans cette séparation il n'y a pas d'enseignement possible. C'est en général le cas en médecine. La découverte de la fonction d'un organe conduit souvent à son enseignement avant d'en connaitre toutes les relations, si c'est possible. Cela favorise la transmission du savoir même si cela conduit forcément à des erreurs.

Par conséquent, je suis bien conscient que mes choix dans l'organisation de la structure de cette étude ne sont pas forcément les meilleurs.

Cette étude concerne toutes les douleurs squelettiques, mais fait aussi une place essentielle aux troubles cervicaux, dorsaux, et lombaires, du fait de leur plus grande fréquence, l'objectif étant une compréhension mieux appropriée de chaque zone douloureuse.

Il n'est rien de plus facile que d'observer les malformations squelettiques apparentes autour de soi. Malheureusement elles sont le plus souvent observées comme une fatalité. Pourquoi ?

Cette fatalité concerne le médecin, ou les kinésithérapeutes, pourtant chargés d'y remédier.

Seule la pratique respiratoire permet d'en réaliser l'étude, et les médecins malheureusement n'y sont pas portés.

Nous devons séparer les pathologies d'origine mécanique en deux, celles d'une part qui sont liées à des mécanismes réversibles - elles concernent la plus grande partie des douleurs du rachis - et celles d'autre part liées à des pathologies graves telles la scoliose idiopathique, ou bien les sciatiques graves avec des compressions qui exigent quant à elles une intervention chirurgicale. Pour ces pathologies, l'auteur travaille à une meilleure connaissance des troubles du rachis, de façon à apporter aux chirurgiens orthopédistes une nouvelle approche susceptible de les orienter vers une prise en charge plus précoce, moins invasive et plus efficace.

Il y a toujours deux approches pour certains troubles fonctionnels, que ce soit squelettiques, circulatoires ou digestifs, la première étant toujours dépendante des progrès de la pharmacologie. Mais la seconde peut, à travers une meilleure connaissance de la fonction diaphragmatique, apporter des résultats patents sur le long terme.

Le problème c'est que la résolution de la douleur par la première approche conduit les patients à l'assimiler à une guérison, ce qui a comme conséquence la poursuite de l'aggravation des mécanismes qui en sont la cause. Et comme le médecin est ignorant des mécanismes en jeu, il a une attitude d'impuissance, qui est de nature à laisser les désordres continuer à évoluer.

La seconde approche, qui fait l'objet de cette étude, à l'inverse ne traite pas la douleur, qui reste de la compétence du médecin. Elle s'attache à comprendre les mécanismes de façon à stopper leur évolution donc leur répétition, récidive qui entraine une dégradation discale progressive.

Le diaphragme n'est pas seulement un muscle respiratoire, c'est un muscle squelettique qu'il faut traiter comme tel.

Il serait intéressant de voir combien d'articles ont été publiés dans les revues à comité de lecture sur le diaphragme et ses rapports squelettiques, et de les examiner à la lumière de mon travail.

Il est important de savoir que la grande majorité des troubles squelettiques sont liés à des mécanismes acquis, et donc sans aucun rapport avec l'engouement que provoque la génétique. Et lorsque l'on constate l'importance et les coûts occasionnés par des désordres osseux qui évoluent avec l'âge, on peut regretter effectivement qu'on ne lui consacre que si peu d'attention.

Mais pourquoi commencer une étude des fonctions d'ensemble du squelette par le diaphragme ?

Parce que la nature nous le livre réglé avec le squelette thoracique, dans un système uniforme. Elle nous donne en plus ses deux piliers, qui, quant à eux, permettent à l'enfant de passer à la station debout, en réglant les courbures du rachis par rapport à la verticale.

Il faut savoir que le diaphragme ne se prête pas à l'observation, quelque soient les moyens techniques dont nous disposons, et qui sont pourtant considérables.

Il n'existe qu'un seul laboratoire qui permette d'étudier les nombreux paramètres à prendre en compte, c'est celui de notre appareil respiratoire.

Le diaphragme un mécanisme central

Où classer le diaphragme ?

Classé comme muscle respiratoire, il est étudié principalement par le pneumologue.

Mais étant d'abord un muscle squelettique, il intervient partout par l'intermédiaire de la respiration, et il intéresse le squelette dans son ensemble par l'intermédiaire de la verticale.

Quels sont ses rapports avec les troubles squelettiques ?

La fonction du diaphragme est d'ouvrir la cage thoracique pour en augmenter le volume. Mais il a besoin de ses piliers attachés au rachis lombaire. Selon la position de ses piliers par rapport à la verticale, l'action du diaphragme sur les côtes ne peut être la même.

Ce qu'il faut savoir aussi, c'est que le diaphragme peut augmenter le volume intra-thoracique, sans ouvrir le thorax. Il lui suffit pour cela de s'abaisser pour augmenter le volume du thorax sans avoir à l'ouvrir, ce qu'il est porté à faire souvent chez les personnes âgées, qui ont perdu leur mobilité thoracique.

Vous pouvez aisément vous représenter le moteur respiratoire comme ayant la forme d'une méduse, avec des tentacules qui représentent les digitations du diaphragme.

C'est la façon la plus simple de mémoriser son fonctionnement.

Enlevez la méduse de l'eau, et elle ne fonctionne plus.

Si vous enlevez les viscères abdominaux, le diaphragme ne pourra plus fonctionner normalement.

Quand la méduse contracte ses tentacules, elle se sert de son appui sur l'eau pour se déplacer. L'oiseau fait la même chose dans l'air.

Cela tient au fait que l'élément qui se trouve au dessus et au dessous de la méduse ou de l'oiseau est le même.

Le diaphragme évolue dans deux éléments différents, en dessus des éléments gazeux gonflés à partir des centres bronchiques, et en dessous des éléments liquides et gazeux comprimés à partir d'un centre abdominal.

Contrairement à la méduse, quand les deux espaces sont réglés pour fonctionner ensemble dans un système uniforme, le diaphragme ne se déplace pas. Il change de forme et déforme les deux espaces auxquels il est lié.

Vous avez pour chaque tentacule une poulie de réflexion, c'est-à-dire une résistance à l'appui de la courbure sur les viscères abdominaux.

C'est le rôle de la musculature abdominale, de faire en sorte que cette poulie de réflexion soit fixée.

En effet, si elle descend, vous remplacez la contraction des tentacules ou des digitations à partir des bissectrices, par un refoulement du diaphragme.

L'image suivante vous donne une idée de la fonction.

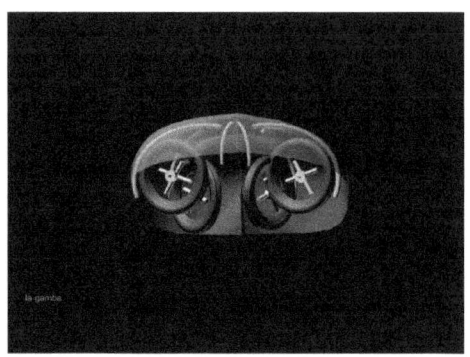

Le vide pleural

Il tapisse la membrane thoracique dont il suit les changements de forme. Il est donc l'intermédiaire obligé dans les liaisons sus et sous-diaphragmatiques.

Le diaphragme sépare deux espaces fonctionnels.

Un couple diaphragme/intercostaux, qui s'opposent l'un à l'autre, pour ouvrir et fermer le thorax.

Un couple diaphragme/abdominaux, qui s'opposent l'un à l'autre, pour maintenir la position du diaphragme dans les trois dimensions.

Chaque couple a un centre à partir duquel il fonctionne.

Les centres bronchiques pour le couple diaphragme/intercostaux, et un centre intra-abdominal pour le couple diaphragme/abdominaux.

Le lien entre ces deux centres détermine la position de la membrane et du vide pleural.

Les piliers du diaphragme

Ils font le lien entre le centre phrénique et le rachis, par l'intermédiaire de leur attache aux vertèbres lombaires.

Les digitations du diaphragme sont attachées aux côtes, et ses piliers sont attachés au rachis.

Ce qui explique que thorax et rachis soient intimement liés.

Impossible de les séparer dans la fonction normale.

La meilleure image que l'on puisse donner aux piliers anatomiques, est celle du parachutiste.

Vous avez vu les changements qui ont été apportés aux parachutes. Nous sommes passés d'une coupole sphérique, à une coupole quadrangulaire.

Et cela fonctionne bien, pourquoi ? Parce que le parachutiste est toujours lié à la verticale.

Remplacez le parachute par le diaphragme, réglez les pressions de façon uniforme sur sa face inférieure et vous avez un parachute.

La comparaison s'arrête là, car le parachute est libre dans l'air.

Le diaphragme n'est pas libre, il a une liaison comme le parachutiste avec l'espace intra-abdominal qui est au dessous, mais il a aussi une liaison avec l'espace intra-thoracique qui est au dessus.

Contrairement au parachutiste qui descend le diaphragme reste à sa place.

Comme pour le parachute avec ses haubans, les tendons du diaphragme partent du centre jusqu'à la périphérie où ils s'attachent aux côtes.

De là, les haubans du parachute continuent sur leur trajectoire, pour aller s'attacher à la taille du parachutiste, ce qui fixe la verticale.

Contrairement au parachute, les tendons du diaphragme n'ont pas besoin d'aller s'attacher à la taille du parachutiste, ils poursuivent quant à eux leur trajectoire avec les muscles abdominaux également attachés aux mêmes côtes.

Le diaphragme réunit deux conditions pour cela.

La première est qu'il possède deux piliers.

La seconde est que les tendons qui poursuivent leur trajectoire avec les muscles abdominaux, s'entrecroisent sur la ligne médiane.

La verticale est ainsi assurée.

On peut se représenter le diaphragme comme la coupole d'un parachute, mais avec un parachutiste fixé en haut au centre phrénique, avec les bras croisés qui tire avec les mains sur les tendons, et dont les pieds sont fixés en bas au rachis.

L'attache du parachute passe par le centre des piliers anatomiques, par l'intermédiaire de l'entrecroisement de la musculature abdominale fixée en bas au bassin.

Le bassin, lié à l'équilibre vertical, effectue des mouvements que l'on peut comparer aux roulis d'un voilier.

Remplaçons le mât du voilier qui est rigide, par la colonne vertébrale qui est une barre souple. Contrairement au mât du voilier qui suit le mouvement de la coque, vous pourrez comme le parachutiste conserver la verticale en déformant les courbures du rachis.

Il suffit pour cela de redresser ou d'accentuer les courbures.

Contrairement à l'idée reçue, le rachis n'est pas (à condition qu'il fonctionne bien) un ensemble articulé. C'est un ensemble déformable.

Quand il est articulé, il engendre des décrochements articulaires, les surfaces mobilisables n'ayant pas une forme adaptée à une mobilité individuelle.

Il s'agit d'un ensemble fonctionnel, qui mobilise votre dos comme une barre souple, en mettant en jeu des ensembles, de telle sorte que chaque élément séparé ne reçoit qu'une contrainte limitée.

Le diaphragme et ses relations pressionnelles

L'étude du diaphragme envisagée isolément est une absurdité. C'est ce qui rend son étude si difficile.

Les moyens techniques les plus modernes ne peuvent être qu'inopérants si avant de les utiliser il manque une vision claire de ce à quoi on s'adresse.

Tout le problème est là.

En effet, le diaphragme ne se prête aisément pas à l'observation, car les paramètres à prendre en compte sont trop nombreux et difficiles à saisir.

Essayez de comprendre le diaphragme sans le faire fonctionner, c'est exactement la même chose que d'essayer de comprendre le fonctionnement d'un moteur de voiture sans ouvrir le capot.

Pour étudier le diaphragme, il faut faire appel à une méthode à laquelle les médecins ne sont guère portés...il faut le faire fonctionner.

C'est difficile mais bien plus efficace que ce que peuvent apporter les physiciens.

Heureusement pour eux, j'ai réalisé cette étude.

On peut aussi comparer le diaphragme à la pompe à eau que l'on voit dans les jardins publics attachée à un pilier en ciment.

Scellée à son pilier elle fait monter l'eau. Mais détachez-la de son pilier, vous pourrez toujours essayer d'animer son bras, vous ne ferez jamais monter l'eau.

Pour le diaphragme c'est la même chose. Fixé à chaque respiration, il provoque une pression et une dépression sur les viscères abdominaux, qui fait penser à une accélération du transit abdominal et à une accélération de la circulation de retour. Je pense pour ma part qu'il faudrait en réaliser une étude exhaustive à la lumière de mon travail.

On peut penser comme certains phlébologues à une corrélation entre les désordres veineux dans les jambes, fréquents chez les femmes, et le diaphragme.

Il faut tout de suite préciser que le diaphragme ne se comporte pas comme un piston, sauf si le thorax devenu rigide perd sa mobilité, ce qui arrive aux personnes âgées. En effet, comparé à un moteur de voiture dont le piston se déplace dans un cylindre rigide, ici c'est l'inverse c'est le cylindre qui s'ouvre. Quelles sont les pièces mécaniques et les éléments moteurs qui constituent l'ensemble indissociable à son fonctionnement ?

Les pièces mécaniques sont: les côtes, le rachis, le bassin.

Les éléments moteurs sont: le diaphragme, les intercostaux, abdominaux, et leurs interconnexions.

La liaison entre tous ces éléments est la pression ou la dépression.

Il est important de comprendre que ces pièces mécaniques et leurs moteurs, sont liés à la verticale qui relie l'ensemble aux otolithes.

Pour le moment, la fonction diaphragmatique étant très abstraite, je vais essayer de vous faire comprendre la démarche qui m'a permis d'avoir une perception suffisamment précise, pour définir ensuite les mécanismes qui sont liés aux troubles du rachis tels que la cervicalgie, la dorsalgie, la lombalgie ou la lombo-sciatique.

Les perceptions qui précèdent la séparation des éléments squelettiques

L'accessibilité aux espaces thoracique et abdominal n'est pas aisée.

L'auteur va essayer de vous présenter l'ensemble des paramètres qu'il lui a fallu prendre en compte pour entrer en contact direct avec le diaphragme et ses relations.

Mes premières relations avec le diaphragme ont été liées à deux types de perception et une observation:

1- La perception verticale ou dessus/dessous est liée à la partie horizontale de la membrane diaphragmatique. Au début, c'est la seule acquisition possible. Elle sépare les deux espaces thoracique au dessus et abdominal au dessous. Elle concerne donc la troisième dimension.

La musculature des deux espaces fonctionne simultanément de façon uniforme, à condition que tous les muscles de la membrane se contractent simultanément dans les trois dimensions.

Ce type de fonction ne dure généralement pas longtemps, le système est peut être bon pour la station horizontale, mais beaucoup trop compliqué pour la station verticale.

2- La perception horizontale ou dedans/dehors. Elle est liée aux parties montantes du diaphragme et concerne les deux autres dimensions X Y.

Essayons de définir d'abord à partir d'une image simple la notion dedans/dehors.

Pour que vous compreniez bien, partons de l'erreur la plus commune: on vous demande de redresser la courbure de votre dos.

L'image qui se présente à votre esprit est celle d'un arc, car les observations extérieures vous donnent cette forme.

L'image que vous percevez est une image de la convexité du dos ou "dehors".

Si maintenant vous voulez une perception intérieure à l'arc, vous devez passer dans la concavité de l'arc, entre l'arc et le cordon de l'arc. L'image "dedans" est celle qui se trouve entre l'arc et le cordon. Remplacez l'arc par la colonne vertébrale et le cordon par le thorax, puis placez la colonne vertébrale à l'intérieur du thorax. Vous pouvez maintenant tirer vos flèches dans toutes les directions horizontalement. L'image de l'arc et du cordon vous conduit à la perception des parties montantes du diaphragme.

Les perceptions dedans/dehors ou dessus/dessous que nous avons, sont liées à la mobilité des côtes.

Dans un système uniforme vous êtes dans le thorax. Les côtes s'ouvrent comme un ballon, mais contrairement au ballon le gonflement se fait à partir du centre pour chaque poumon.

Mais si le diaphragme fonctionne de façon non uniforme, le thorax ne peut pas se déployer comme un ballon, car une partie des côtes ne s'écarte pas. Elles peuvent monter dans un plan et descendre dans un autre plan, ce qui veut dire qu'elles peuvent se spécialiser dans chaque temps respiratoire.

3- L'observation de l'abdomen dans les deux temps respiratoires.

Il s'agit de la mobilité de la paroi abdominale que l'on peut observer dans les deux temps respiratoires, c'est-à-dire à l'inspiration un petit battement qui traduit une poussée pressionnelle, et qui peut être localisée à différentes hauteurs de la paroi.

En contrepartie, à l'expiration, il y a un petit retrait de la paroi qui se creuse, qui traduit une action dépressionnelle, et qui peut être aussi localisée à différentes hauteurs de la paroi.

II - Organisation des découvertes

Découverte de l'espace interne à la coupole diaphragmatique

Les connaissances en vigueur en médecine reposent sur la prise en compte de deux espaces fonctionnels séparés par la partie horizontale du diaphragme.

L'espace intra-thoracique et l'espace intra-abdominal.

Elle conduit à la méconnaissance d'un troisième espace, lié celui-ci à la partie montante du diaphragme.

Le diaphragme fonctionne dans les trois dimensions et ouvre ainsi le thorax dans toutes les directions.

La prise en compte de la partie horizontale du diaphragme, conduit à sa relation avec la 3ème dimension.

Les deux autres dimensions étant sous la dépendance des parties montantes, elles sont traditionnellement occultées par la médecine orthopédique.

Cette erreur conduit à faire monter les côtes à l'inspiration et à les faire redescendre à l'expiration. On voit les choses comme cela depuis des siècles.

C'est dans ce troisième espace que s'exerce la contraction des digitations du diaphragme, entre les insertions costales, les bissectrices des courbures, et les piliers anatomiques par l'intermédiaire du centre phrénique.

C'est là que se positionne le pivot autour duquel s'exercent les contractions de chaque digitation, comme le pivot d'une poulie de réflexion.

La coupole diaphragmatique appartient aux deux espaces par l'intermédiaire du vide pleural, ce qui fait que rien ne peut se passer dans un des deux espaces sans que l'autre ne réagisse.

Il s'agit de l'espace compris entre les attaches des parties montantes et la partie horizontale de la membrane diaphragmatique.

Le seul espace qui nous soit accessible est celui que nous utilisons sans le savoir, c'est notre façon de respirer.

Le schéma suivant vous montre ces trois espaces.

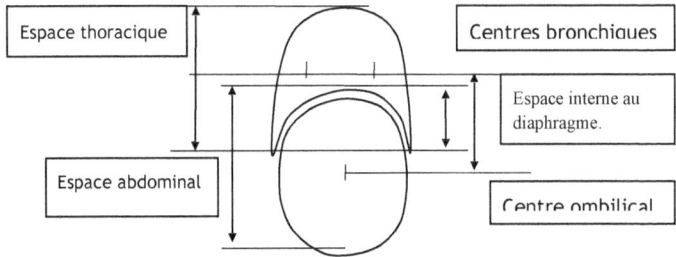

L'observation du schéma vous montre que si vous voulez contrôler le diaphragme, il vous faudra regarder en haut, si la relation accessible concerne la face abdominale de votre diaphragme. En effet, si vous êtes à dominante respiratoire abdominale, vous ne pouvez voir la partie horizontale du diaphragme qu'en regardant en haut.

Vous ne pouvez pas avoir accès à la face thoracique.

Si la relation accessible concerne l'espace thoracique, il vous faudra regarder en bas car le diaphragme est en bas.

Vous êtes soit au dessus, soit au dessous si le diaphragme ne fonctionne pas de façon uniforme, ce qui est généralement le cas lorsque vous souffrez du rachis, que ce soit au niveau cervical, dorsal ou lombaire.

S'agissant de la membrane horizontale, cette relation est seulement à deux dimensions.

Comment apprendre à connaitre l'espace que nous utilisons.

1- En séparant les deux temps respiratoires, l'inspiration de l'expiration. Avec un diaphragme qui fonctionne normalement ce n'est pas possible, car l'expiration est le mécanisme inverse de l'inspiration. Si à l'inspiration vous déployez les côtes en les écartant, à l'expiration vous les reployez en les rapprochant.

Dans le cas contraire, vous allez choisir l'inspiration car c'est la seule qui soit accessible.

2- A l'inspiration vous voyez le diaphragme en haut ou en bas.

3- A l'inspiration vous voyez votre cage thoracique de face avec vos deux poumons, ou de profil avec un poumon. Vous ne pouvez pas avoir deux poumons l'un devant l'autre.

Si dans votre tête à l'inspiration vous voyez votre thorax de profil et votre diaphragme en haut, vous êtes dans l'espace intra-abdominal, et vous faites monter le thorax de profil à chaque inspiration.

Si dans votre tête à l'inspiration vous voyez votre thorax de face, avec vos deux poumons séparés, et votre diaphragme en bas, vous êtes dans l'espace intra-thoracique, et vous faites monter les deux hémi-thorax en les écartant.

En conclusion, selon votre façon de respirer, votre observation se fait dans un miroir placé devant vous ou sur le côté.

Une respiration à dominante thoracique ou abdominale vous met en relation avec un diaphragme qui ne fonctionne que dans deux dimensions.

Dans ces conditions, les digitations du diaphragme se dissocient en fonction du plan dans lequel elles agissent.

Pour que le diaphragme puisse agir dans les trois dimensions, il faut que sa contraction se fasse à partir de ses bissectrices, à la fois en direction des parties montantes et horizontales, en tirant sur le centre phrénique et les piliers anatomiques au centre, et sur ses insertions costales en écartant les côtes.

Ce troisième espace conduit à la contraction uniforme du diaphragme, et permet d'introduire la notion d'échappement qui fait l'objet du chapitre suivant.

Découverte de l'échappement diaphragmatique thoracique

Les erreurs médicales dans la prise en compte de la respiration à deux espaces a conduit à toutes les idioties.

La manifestation de l'échappement diaphragmatique est le refoulement abdominal, frontal ou sagittal.

On l'utilise en médecine sans le connaitre pour aider les malades à expectorer. Il s'agit ici d'un refoulement de la partie horizontale du diaphragme.

La contraction du diaphragme entraine un écartement des côtes dans toutes les directions, si toutes les digitations interviennent ensembles à partir de la bissectrice de leur courbure.

Mais si les bissectrices de certaines digitations se décalent aux dépens de la partie horizontale ou verticale, les côtes auxquelles elles sont attachées peuvent monter au lieu de se déployer. Dans ces conditions elles perdent leur complémentarité. L'échappement se traduit par une mobilité thoracique particulière, ou à l'absence de mobilité, (le refoulement) en particulier chez les personnes âgées, qui s'intègre à une absence de mobilité thoracique.

Si vous avez un diaphragme qui fonctionne avec un échappement inspiratoire sagittal, le thorax monte de profil et vous aurez un battement inspiratoire abdominal, avec un thorax épais.

Dans ces conditions l'échappement diaphragmatique vous fait entrer dans l'espace abdominal, et on vous placera dans la catégorie des sujets à respiration abdominale.

Si vous avez un diaphragme qui fonctionne avec un échappement inspiratoire frontal, les côtes montent de face et vous aurez un thorax plat car elles descendent de profil. Le battement inspiratoire abdominal lié à deux poumons peut être plus discret mais il existe.

La forme du diaphragme est très variable. Elle tient à la disposition de ses digitations liées aux angles costaux et à leur mobilité dans les trois dimensions X Y Z.

L'échappement diaphragmatique a pour conséquence de remplacer le déploiement/reploiement du thorax par une dissociation des deux temps respiratoires.

Les deux temps ne se superposant plus, l'inspiration ouvre le thorax en le faisant monter, et l'expiration en le faisant descendre, sans écartement ou rapprochement des côtes.

La découverte de l'échappement conduit à la disposition des insertions du diaphragme en fonction de la forme du thorax.

L'échappement inspiratoire frontal

Vous regardez dans le miroir qui est devant vous et vous voyez vos deux poumons.

Le diaphragme a comme une coupole une partie montante et horizontale, je dis montante et non verticale car cette partie montante n'est pas exactement verticale.

Les dimensions des parties montantes et horizontales du diaphragme dépendent de la position des bissectrices, dont dépend la forme du thorax dans les trois dimensions.

Ainsi, un thorax plat vous donne une membrane horizontale vue de dessus, qui a la forme d'un rectangle. Pour ces digitations, les bissectrices sont décalées en dehors, ce qui augmente la largeur de votre thorax aux dépens de son épaisseur. La hauteur de la partie verticale du diaphragme diminue.

Dans le sens de la largeur du rectangle, les bissectrices se déplacent en dedans puisque le thorax s'aplatit.

Ce déplacement peut être symétrique par rapport aux piliers anatomiques, ou bien asymétrique, ce qui se fait au profit des parties montantes antéro-postérieures dont la hauteur augmente, et qui leur donne une plus grande valeur pressionnelle dans YZ. Ceci empêche les côtes de monter à l'inspiration mais facilite leur descente.

Le diaphragme a donc une action plus grande à l'inspiration sur les angles costo-vertébraux et sterno-costaux qui écartent les deux hémi-thorax, car la pression est trop forte d'avant en arrière ce qui empêche les côtes de monter de profil.

Par contre, à l'expiration, c'est l'inverse, les côtes ne descendent pas du côté où elles sont montées.

L'expiration entraine une mobilité du thorax, avec les angles costaux compris entre les angles antérieurs et postérieurs des côtes, ce qui aplatit le thorax.

Essayons maintenant de représenter le diaphragme avec ce thorax, il a la forme des nouveaux parachutes.

Le diaphragme présente six ou sept digitations pour chaque hémi-thorax attachées aux six ou sept dernières côtes.

Avec un thorax plat vous aurez donc une disposition du nombre de digitations qui agissent d'avant en arrière et aplatissent le thorax, plus grand qu'avec un thorax épais pour lequel le nombre de digitations est plus grand dans le sens sagittal qui rapproche les deux hémi-thorax.

L'échappement inspiratoire sagittal

La surface d'application pressionnelle est plus grande dans le plan sagittal, ce qui entraine à l'expiration la fermeture des angles costo-vertébraux et sterno-costaux.

Ceci étrangle surtout la base du thorax car les angles sterno-costaux sont montés.

La forme du thorax en plan ressemble d'avantage aux anciens parachutes, mais les choses sont plus compliquées qu'avec un thorax plat qui conserve son plan postérieur quand l'expiration est symétrique. Ici, le plan postérieur disparait avec la montée des angles costo-vertébraux qui accompagnent la montée du sternum.

La forme des poulies de réflexion diffère d'arrière en avant.

Nous allons le voir en détail.

L'image qui suit vous montre la forme que prennent les poulies de réflexion, en fonction des dimensions du diaphragme et des angles costaux.

Dans un système uniforme toutes les poulies sont circulaires.

L'image vous montre à gauche, des poulies elliptiques à grand axe vertical, et à droite des poulies elliptiques à grand axe horizontal vues de face.

Mais en fonction de la position des piliers et du centre phrénique, vous pouvez aussi avoir des poulies circulaires en arrière et elliptiques en avant.

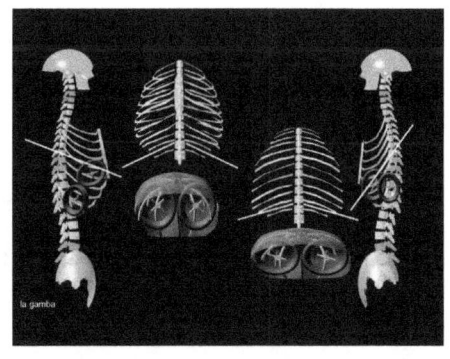

Découverte de l'échappement diaphragmatique abdominal

A cause du vide pleural, vous ne pouvez pas avoir un échappement diaphragmatique thoracique sans avoir un échappement des faisceaux abdominaux.

La dissociation abdominale non uniforme.

Le schéma représentant les deux espaces a fait apparaitre:

1-Le centre bronchique.

2-Le centre abdominal.

3-L'espace interne à la coupole diaphragmatique.

C'est dans l'espace interne à la coupole commun au couple diaphragmatico-intercostal et diaphragmatico-abdominal, qu'agissent les digitations diaphragmatiques comme des poulies de réflexion.

L'espace interne à la coupole diaphragmatique a fait apparaître l'espace intra-thoracique, séparé en deux par la membrane horizontale du diaphragme.

Quand les côtes s'écartent pour chaque hémi-thorax à partir des centres bronchiques, elles entrainent un relâchement des intercostaux dans les trois dimensions et le thorax s'ouvre alors comme un ballon gonflé à partir de son centre, pour chaque poumon.

Au dessous, l'espace interne à la coupole a fait apparaitre l'espace intra-abdominal séparé en deux comme le thorax.

Une partie intra-thoracique collée à la partie horizontale et verticale du diaphragme et au vide pleural.

Une partie intra-pelvienne liée au bassin par l'intermédiaire d'un centre intra-abdominal.

Le schéma suivant fait apparaitre la division intra-abdominale en deux parties dans un système uniforme.

L'espace thoraco-ombilical.

L'espace ombilico-pelvien.

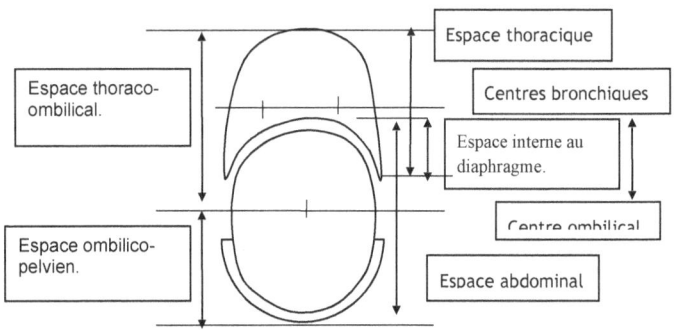

L'image ci-dessous fait apparaitre des digitations abdominales sus-ombilicales, qui forment la partie inférieure de la poulie de réflexion interne à la coupole diaphragmatique.

Elles passent toutes par l'unité de surface ombilicale.

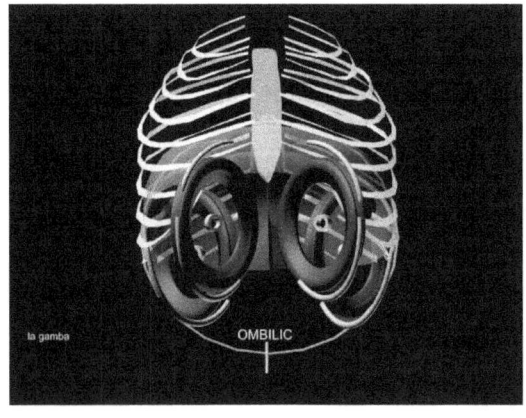

La musculature abdominale est liée comme les intercostaux à une orientation uniforme. Quand elle fonctionne bien elle ne donne lieu à aucun mouvement apparent de l'abdomen, à l'inspiration aussi bien qu'à l'expiration.

La musculature abdominale se dissocie normalement selon les orientations de ses différents faisceaux, de part et d'autre du muscle transverse. C'est l'entrecroisement des obliques qui détermine le centre intra-abdominal, comme l'entrecroisement des intercostaux détermine le centre intra-thoracique.

La dissociation abdominale non uniforme est liée à l'échappement diaphragmatique.

L'échappement diaphragmatique thoracique mobilise les angles costaux avec une orientation particulière, ce qui entraine une mobilité particulière des faisceaux abdominaux, donc une dissociation des deux espaces ombilico-thoracique et ombilico-pelvien.

Les deux espaces sont normalement liés dans une même fonction. Avec la dissociation thoraco-abdominale vous avez un thorax et un bassin qui se séparent.

Si les deux temps respiratoires ne se superposent plus, vous avez un lien inspiratoire et un lien expiratoire.

Supposons que vous ayez un battement inspiratoire sus-ombilical, l'inspiration appartient au thorax et à l'espace sus-ombilical.

Dans ces conditions, l'expiration appartient à l'espace sous-ombilical, elle devient ombilico-pelvienne et perd sa liaison avec le thorax. Sa liaison avec les membres inférieurs sera alors différente.

Il est facile de voir dans la nature avec un peu d'observation que le bassin appartient pour les uns au tronc et pour les autres aux membres inférieurs. La liaison avec l'appareil respiratoire ne peut pas être la même.

C'est la liaison ilio-psoïque associée à la liaison respiratoire uniforme qui donne au bassin son appartenance à la fois au tronc et aux membres inférieurs.

On peut représenter les deux espaces thoraciques et abdominaux séparés par l'unité de surface ombilicale.

Le centre intra-abdominal passe par cette unité de surface.

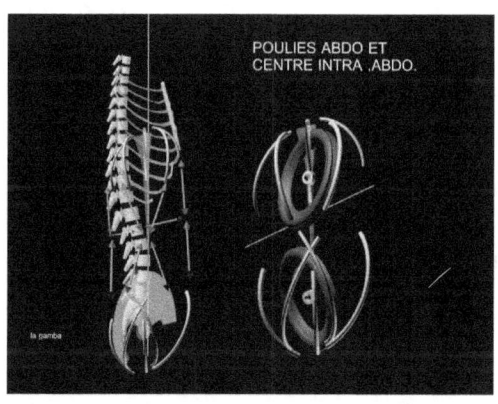

Découverte de la simultanéité

La respiration comprend deux temps: l'inspiration et l'expiration.

Les deux temps se superposent c'est-à-dire que l'expiration est un mécanisme identique mais contraire à l'inspiration.

Si on remplace le thorax par un ballon, l'inspiration gonfle le ballon à partir de son centre et l'expiration le dégonfle toujours à partir de son centre.

Les deux mécanismes sont simultanés pour toutes les digitations du diaphragme à l'inspiration, et simultanés pour tous les intercostaux à l'expiration.

Elle correspond à la notion de "centre fonctionnel".

Mais quand le diaphragme se contracte et change de forme, il change aussi la forme de l'espace interne à l'abdomen.

C'est là que la complexité de la musculature abdominale trouve tout son sens.

En effet, on ne peut pas imaginer une ouverture du bassin comme le thorax sous l'action du diaphragme.

Les faisceaux abdominaux sont liés au thorax en haut et au bassin en bas. Ils doivent répondre à un changement de forme situé au centre de la musculature abdominale, de telle sorte que le bassin et le thorax ne soient pas entraînés l'un par l'autre.

L'organisation des faisceaux abdominaux comme des intercostaux correspond bien à la mise en place d'un centre intra-abdominal.

Pour que le système fonctionne, il faut que les centres intra-abdominal et intra-thoracique réagissent simultanément.

Découverte de la verticale comme unité de liaison

La verticale se positionne par rapport à l'articulation tibio-tarsienne, à l'articulation coxo-fémorale, à l'articulation lombo-sacrée, puis aux zones de transition vertébrales pour finir aux otolithes. Son positionnement est essentiel à une fonction normale.

Elément essentiel à la position debout, elle va trouver son chemin depuis les pieds, traverser l'espace abdominal puis l'espace thoracique avant d'arriver à l'endroit qui va devoir la gérer.

Afin de bien comprendre l'importance de la verticale, nous devons l'associer à la fonction diaphragmatique.

Un diaphragme qui fonctionne de façon uniforme tire sur ses insertions costales et sur ses piliers qui sont au centre. Dans ces conditions la verticale passe par les piliers anatomiques de profil et au milieu de face.

Découverte des piliers fonctionnels

Ils remplacent les piliers anatomiques dans le plan sagittal, entrainés par le décalage du centre phrénique. On les trouve dans les lombalgies, dorsalgies et cervicalgies.

Il sont liés à une mobilité angulaire non uniforme des angles costaux et à la mobilité non uniforme abdominale.

Dans un système uniforme, les piliers anatomiques sont les intermédiaires obligés à toutes les contractions des muscles du diaphragme.

Leur entrecroisement au centre lie les deux hémi-thorax dans une même fonction.

Dès lors qu'ils cessent d'être au centre, ils peuvent être remplacés par des haubans qui, par leur orientation, peuvent remplir le même rôle.

La musculature abdominale est parfaitement adaptée à jouer ce rôle.

Découverte du rôle des piliers fonctionnels dans la scoliose idiopathique

Ils sont liés aux difficultés de réglage de la contraction des piliers anatomiques par rapport à la verticale pour certains sujets y étant sans doute prédisposés.

Dans le plan frontal, le réglage concerne deux piliers de longueur différente associés à chaque hémi-thorax.

Les deux piliers liés à un diaphragme dont les deux coupoles sont de hauteur différente doivent jouer le rôle de compensateur pour le réglage pressionnel.

Ces réglages ne peuvent se faire qu'au moment de la mise en position verticale, et leur complexité permet de comprendre que ces réglages puissent engendrer ce qu'on appelle des "attitudes scoliotiques".

Le diaphragme avec ses piliers est préréglé pour la respiration dans un système uniforme quand l'enfant arrive.

Il va ensuite devoir adapter ses piliers tant bien que mal à la station debout.

Le positionnement de la verticale sera beaucoup plus compliqué s'il arrive avec un diaphragme préréglé dans un système uniforme approximatif.

Dans le plan sagittal, les conséquences sont celles que nous connaissons, avec des désordres liés aux cyphoses ou aux lordoses.

Mais dans le plan frontal, les désordres peuvent être extrêmement graves, avec des difficultés insurmontables pour le réglage de la verticale, bien que les mécanismes soient les mêmes.

En effet, chaque pilier est lié à un hémi-thorax avec entrecroisement au centre.

Si l'enfant arrive avec une asymétrie respiratoire dans le plan frontal, il devra mettre en place un pilier fonctionnel frontal asymétrique pour le réglage de la verticale.

A partir d'un certain degré d'asymétrie hémi-thoracique frontal, il ne pourra plus compenser et entrera dans le domaine de la scoliose dite "idiopathique".

Découverte de la liaison coxo-fémorale, lombo-sacrée, et tibio-tarsienne

Deux articulations tibio-tarsienne et coxo-fémorale se partagent le réglage de la verticale (normalement, les genoux n'interviennent que s'ils y sont contraints). Elles positionnent le disque lombo-sacré en accord avec la dissociation ilio-psoïque et en fonction de l'organisation des zones de transition vertébrales.

Mais la liaison lombo-sacrée n'est pas une articulation, elle appartient au rachis et c'est donc une zone déformable.

L'angle tibio-tarsien détermine avec la musculature des MI et du bassin des rapports avec la verticale qui aboutit aux otolithes en passant par les zones de transition qui donnent sa forme au rachis.

L'articulation tibio-tarsienne est la seule articulation qui permette de définir un repérage. J'ai commencé cette étude par elle car elle n'a pas de rapport au dessous en dehors du sol. C'est le seul moyen qui permette de conduire à des certitudes.

Découverte de la déformation vertébrale

Elle est opposée à la notion d'articulation vertébrale. Les disques intervertébraux ne sont pas des articulations mais des zones déformables.

Dans certaines conditions, un disque peut devenir articulation si à des pressions qui le déforme s'associent des glissements horizontaux. Ils deviennent alors le siège d'une translation douloureuse au début, dont l'aboutissement est le décrochement vertébral qui peut conduire à la hernie discale.

Thorax et rachis sont liés par les articulations costales, mais si celui-ci au lieu de se déformer construit des articulations, il peut devenir indépendant du thorax. Dans ce cas, les articulations du rachis interagissent avec la fonction thoracique.

III - Le squelette

Introduction méthodologique.

Le squelette vertical est un tout indivisible. En effet, parce que lié à la verticale, chaque changement angulaire aussi faible soit-il des pieds à la tête modifie ses rapports qui peuvent devenir définitifs.

Mais afin d'en faciliter l'étude, nous sommes obligés de le diviser dans un premier temps, ce qui est une tâche extrêmement difficile.

L'expérience m'a montré que nous ne pouvions le faire qu'à une condition: suivre le cheminement imposé par la nature.

En effet, c'est la nature qui fait les premiers réglages squelettiques.

Elle livre à la nature un squelette thoracique réglé dans un système uniforme. L'enfant ne pourrait pas le faire car ce sont des réglages trop complexes.

Du même coup, elle règle l'espace intra-abdominal, et les changements ultérieurs se feront à partir de ces réglages.

Nous allons donc traiter le squelette en quatre parties.

L'espace thoracique. Il s'agit du couple fonctionnel diaphragme/intercostaux chargé d'ouvrir et de fermer le thorax.

L'espace abdominal. Il s'agit du couple fonctionnel diaphragme/muscles abdominaux.

La mécanique pelvienne. Il s'agit du couple fonctionnel rachis/articulation coxo-fémorale.

La mécanique des membres inférieurs.

La mécanique vertébrale.

La colonne vertébrale sera traitée en dernier car elle ne fait que se déformer, et elle dépend à la fois de l'espace thoracique, de l'espace abdominal, et des membres inférieurs, avec sa division classique en rachis dorsal, lombaire, et cervical.

Nous allons donc commencer l'étude squelettique de la même façon que la nature quand elle l'a mis en place, c'est-à-dire par l'étude du thorax.

Contrairement à la nature, l'auteur a acquis ses connaissances en commençant par les pieds et la verticale. C'est la seule relation fiable que l'on puisse obtenir compte tenu des désordres en place.

1- <u>Introduction à l'espace thoracique</u>

Cette nouvelle approche passe avant tout par une connaissance de la mécanique thoracique. On peut dire que la complexité du thorax associée au diaphragme n'en a guère encouragé l'étude.

On peut séparer le thorax en quatre faces, liées du point de vue pressionnel, à quatre parties montantes du diaphragme, de telle sorte que la partie montante antérieure exerce son action sur la face antérieure du thorax, la partie montante postérieure sur la face postérieure du thorax, et les parties montantes latérales sur les faces latérales du thorax, compte tenu de leur orientation sur les piliers anatomiques liée à la face horizontale.

La troisième dimension thoracique est sous la dépendance de la partie horizontale du diaphragme, à laquelle on donne deux faces, l'une intra-thoracique l'autre intra-abdominale.

Mais il faut savoir que cette partie horizontale étant liée aux parties montantes à partir des bissectrices, elle sépare le thorax en deux parties.

Il y a une partie opposée aux intercostaux situés au dessus de la face horizontale intra-thoracique, et une partie opposée aux intercostaux situés au dessous de la face horizontale intra-thoracique liée à la hauteur des parties montantes. C'est l'espace interne à la coupole diaphragmatique qui sépare les intercostaux thoracique en deux parties liées à un déploiement du thorax.

Ceci nous permet d'obtenir, si on prend la bissectrice des courbures entre partie horizontale et verticale, une base de référence fonctionnelle à l'ouverture uniforme du thorax.

La prise en compte d'un lien entre diaphragme et intercostaux situés au dessus de la membrane horizontale et des intercostaux situés entre la bissectrice des courbures et les insertions costales, au lieu du lien généralement établi entre thorax et abdominaux, doit conduire le chirurgien orthopédiste à la mécanique angulaire des côtes, puis à la rattacher aux anomalies de type charnière.

L'image ci-dessous vous montre de face et de profil les angles costaux de deux thorax plat et épais.

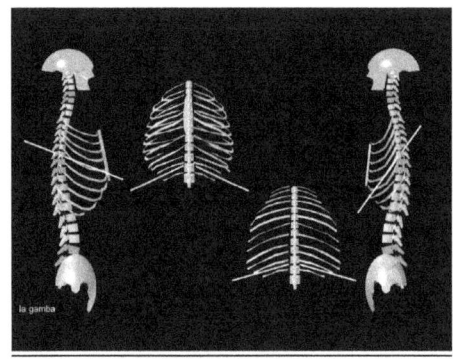

On peut voir sur l'image suivante l'importance que prennent les parties montantes du diaphragme, suivant leur longueur et leur orientation, sur la surface d'application pressionnelle de profil.

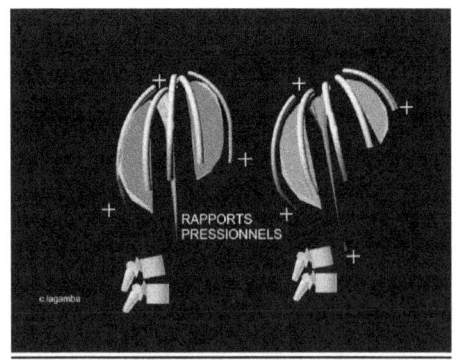

Le couple diaphragme/intercostaux

Moteur à deux temps inspiration/expiration et vide pleural.

La liaison du diaphragme et des intercostaux se fait par l'intermédiaire du vide pleural.

La mobilité normale des côtes est un déploiement. Elles s'ouvrent et se ferment comme un ballon que l'on gonfle à partir du centre dans les trois dimensions. Les côtes s'écartent et se rapprochent normalement.

Au diaphragme, cet inconnu, on pourrait ajouter le thorax, cet inconnu, car vous n'en trouvez pas deux semblables, ce qui dissuade rapidement d'en faire l'étude.

J'ai dit plus haut qu'étudier le diaphragme tout seul est une absurdité. J'ajoute qu'étudier le thorax tout seul est tout aussi idiot.

Si maintenant on associe la fonction diaphragme + thorax, cela ne suffira pas mais on peut commencer à travailler.

Voyons ce qui se passe avec un diaphragme qui fonctionne de façon non-uniforme.

Les côtes ont une forme complexe mais un des angles à une importance particulière.

C'est l'angle qui réunit l'articulation vertébrale à l'apophyse transverse l'angle du col. C'est lui qui renvoie l'arc postérieur en arrière et permet aux piliers de trouver leur place au centre.

L'angle du col par son orientation forme le plan postérieur du thorax, et positionne les angles postérieurs du thorax.

C'est ce transfert qui permet à la verticale de se positionner par rapport au centre phrénique.

Supposons qu'au lieu de s'ouvrir en écartant les côtes et le thorax montent les côtes en bloc de profil.

Si vous faites monter toutes les côtes de profil, vous décalez l'angle du col vers l'avant et en haut. Les angles postérieurs suivent alors, entrainant les angles antérieurs et le sternum.

Les angles postérieurs du thorax décalés vers l'avant, les piliers anatomiques ne sont plus au centre, ce qui conduit à la mise en place des piliers fonctionnels.

Les schémas suivants vous montrent la différence sur la forme et sur les orientations des poulies de réflexion.

La fonction diaphragmatique repose sur des rapports de longueur entre partie montante et horizontale, et sur leur orientation pour chaque digitation, ce qui détermine la surface d'application pressionnelle par plan.

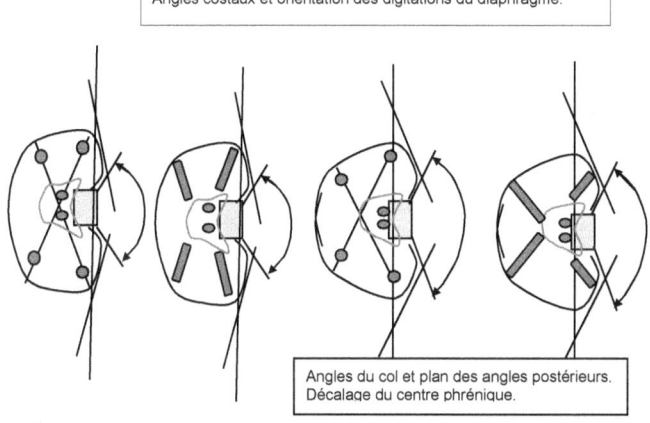

Angles costaux et orientation des digitations du diaphragme.

Angles du col et plan des angles postérieurs. Décalage du centre phrénique.

Le diaphragme s'attache aux six ou sept dernières côtes par six ou sept digitations, ce sont les anatomistes qui nous l'apprennent.

Les côtes ont une forme complexe à la fois souple et rigide.

L'ensemble donne au thorax une forme qui dépend de la localisation des digitations par rapport aux trois plans de l'espace.

Selon la forme du thorax, elles se partagent dans les deux dimensions X Y.

Normalement, dans un système uniforme, elles sont toutes orientées vers le centre phrénique.

Avec un thorax plat ou épais, vous pouvez en avoir par hémi-thorax d'avantage orientées dans la dimension sagittale ou frontale.

Ce qui donne pour la partie horizontale un centre phrénique de forme différente et une position différente pour la liaison aux piliers anatomiques.

Mais pour les parties montantes, une surface d'application pressionnelle antéro-postérieure plus grande, liée à davantage de digitation dans la coordonnée X-X, vous donnera un thorax plat alors qu'elle vous donnera un thorax épais si elle est plus grande dans Y. On ne gonfle pas un ballon de football de la même façon qu'un ballon de rugby.

Les variations de forme de la membrane horizontale dépendent de la position des insertions et de la bissectrice pour chaque digitation.

Si les décalages se font symétriquement au profit des parties montantes antéro-postérieures, vous aurez un thorax plat mais symétrique par rapport au centre phrénique. Mais il peut être asymétrique si la partie montante antérieure se rapproche davantage des piliers anatomiques que la partie montante postérieure ou l'inverse. Dans ces conditions, la forme du thorax ne sera pas la même et la courbure du dos non plus.

C'est ici qu'on voit apparaitre les cyphoses ou les dos plat pour un thorax de même forme.

Le schéma suivant vous montre un centre phrénique à sa place.

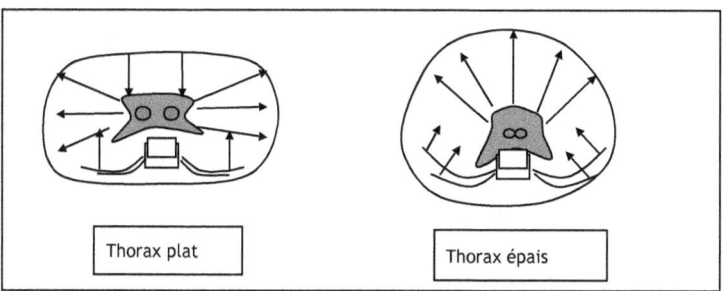

Thorax plat

Thorax épais

L'image suivante montre un thorax plat avec un positionnement des diagonales modifiées mais avec des piliers anatomiques toujours placés au centre avec la répartition des bissectrices.

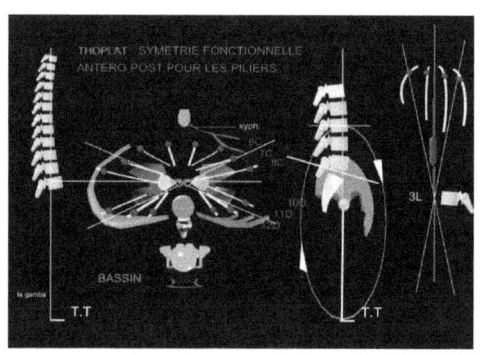

L'asymétrie thoracique sagittale: les piliers fonctionnels.

Les cyphoses, les lordoses, les inversions de courbures.

Reprenons l'exemple du parachutiste qui veut corriger la trajectoire de sa chute, que fait-il ?

Il tire sur certains cordons du parachute et modifie les pressions, ce qui lui permet de se déplacer. Il garde la verticale mais il l'a déplace.

Les piliers fonctionnels résultent de l'échappement inspiratoire uni-directionnel de certaines digitations, ce qui modifie la position des bissectrices qui leur correspondent.

C'est avec cette asymétrie qu'apparaissent les piliers fonctionnels à l'expiration, et vous modifiez la position de la verticale. Mais comme vous ne pouvez pas vous déplacer sans tomber, il vous faut changer la forme du rachis.

Les piliers fonctionnels sont la conséquence de rapports différents, entre la position des attaches sur les côtes dans les trois dimensions.

De la position des bissectrices entre partie montantes et horizontale.

De la position de l'attache des piliers anatomiques par rapport au centre phrénique.

Normalement la contraction des digitations est à double orientation. Une orientation en direction du centre phrénique à partir de la bissectrice, et une orientation pour la partie verticale de la bissectrice à l'attache costale.

Le pivot de la poulie de réflexion passe par toutes les bissectrices.

Les digitations, n'étant pas à la même hauteur pour les deux hémi-thorax, nécessitent deux piliers anatomiques.

Si la contraction de certaines des digitations n'est plus à double orientation à l'inspiration, c'est l'échappement des digitations dans la direction correspondante.

Pour rattraper la verticale, vous aurez ce que j'appelle un pilier fonctionnel pour garder la verticale, ce qui nécessite une organisation différente.

Je donne le nom de "pilier fonctionnel" aux bissectrices fixées à la fin de l'expiration, qui servent de point fixe à la reprise inspiratoire et le nom "d'échappement diaphragmatique" aux bissectrices qui se déplacent.

Celui-ci est la conséquence de la contraction inspiratoire à une seule orientation, sagittale ou frontale, qui provoque un échappement de la position des bissectrices au profit de la partie horizontale ou verticale du diaphragme. Elle est suivie d'une contraction expiratoire à double orientation des autres digitations, ce qui fixe la position de leurs bissectrices.

Thorax plat et piliers fonctionnels

Ils peuvent être ainsi classés en piliers fonctionnels, antérieurs ou postérieurs, si leur décalage est plus grand vers l'avant ou vers l'arrière par rapport aux insertions des piliers anatomiques.

Prenons un thorax plat, le plus facile à représenter, avec un décalage des bissectrices frontal. (Un échappement frontal).

Sans décalage antérieur ou postérieur des piliers anatomiques.

En tirant de cette façon vous avez un parachute moderne quadrangulaire, les pivots liés aux bissectrices sont écartés mais la verticale ne change pas et les deux piliers s'écartent le parachutiste est au centre.

Le schéma de gauche représente les bissectrices de quatre diagonales liées aux piliers anatomiques. Vous pouvez voir les flèches frontales à sens unique, et les flèches antérieures et postérieures à double sens.

C'est ici que vous trouverez la scoliose paradoxale.

Le schéma au centre vous montre un échappement des bissectrices frontales, avec un décalage plus grand des bissectrices postérieures vers l'arrière par rapport aux piliers anatomiques, ce qui donne un pilier fonctionnel antérieur à l'expiration (flèches à double sens). Le schéma de droite montre un décalage des bissectrices antérieures plus grand vers l'avant, ce qui donne un pilier fonctionnel postérieur à l'expiration, les flèches étant à double sens à l'expiration.

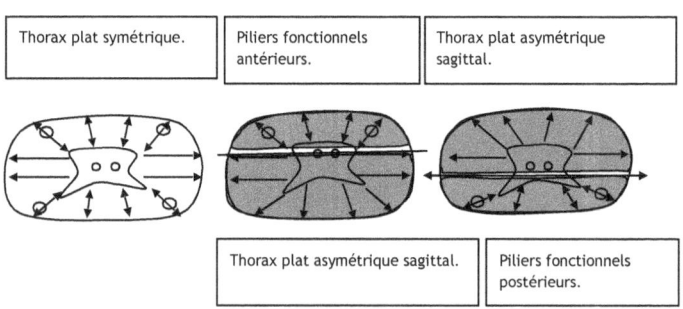

Thorax plat symétrique.

Piliers fonctionnels antérieurs.

Thorax plat asymétrique sagittal.

Thorax plat asymétrique sagittal.

Piliers fonctionnels postérieurs.

Thorax épais et piliers fonctionnels postérieurs

Avec le thorax plat, les angles costo-vertébraux et sterno-costaux sont restés dans leurs plans respectifs.

Représentons les côtes en plan d'un thorax épais.

A gauche un thorax normal avec contraction des digitations à double orientation, à partir des bissectrices à l'inspiration et à l'expiration.

A droite un thorax épais, la membrane horizontale s'est allongée aux dépends de la partie montante antérieure.

Au décalage des bissectrices liées à l'échappement antérieur, on peut ajouter un décalage dans le même sens des 12ème, 11ème, et 10ème côtes, ce qui décale les insertions postérieures du diaphragme vers l'avant dans le même sens que le décalage des bissectrices antérieures.

Mais les bissectrices postérieures sont décalées vers l'arrière par rapport aux insertions des parties montantes.

Le schéma de droite vous montre leur rapport à l'expiration avec les piliers anatomiques. La double flèche vous donne le pilier fonctionnel postérieur.

Si vous ajoutez un déjettement vertébral lombaire, vous imaginez les changements entre les insertions des piliers anatomiques et la position du centre phrénique.

Autrement dit, trois éléments participent au positionnement des bissectrices.

1- Rapport entre partie montante et horizontale de la membrane.

2- Positionnement des insertions diaphragmatiques.

3- Positionnement des piliers anatomiques lié à ses rapports avec les courbures vertébrales.

Un déjettement associé à une cyphose dorsale va vous obliger à rétablir la verticale en mettant en place un pilier fonctionnel postérieur à l'expiration.

La double orientation des flèches, vous montre que ce sont les bissectrices postérieures qui servent de point fixe à l'échappement antérieur.

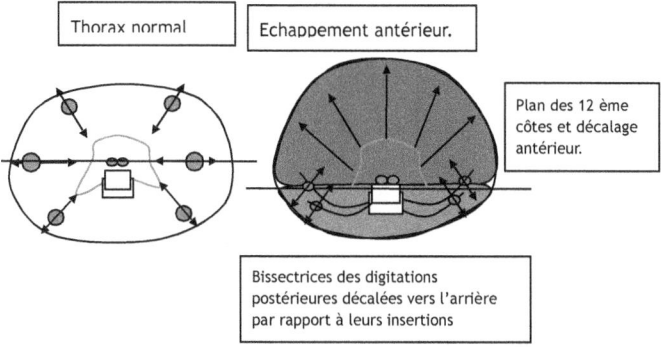

Thorax normal

Echappement antérieur.

Plan des 12 ème côtes et décalage antérieur.

Bissectrices des digitations postérieures décalées vers l'arrière par rapport à leurs insertions

L'asymétrie hémi-thoracique frontale

Piliers fonctionnel asymétriques: les scolioses.

L'asymétrie croisée dans le plan frontal, c'est le domaine des scolioses vertébrales. Les décalages angulaires des côtes et la position des bissectrices peuvent se retrouver associés de façon différente sur chaque hémi-thorax.

Selon leur importance, ils peuvent provoquer des désordres dans le plan frontal, qui va de la simple attitude scoliotique sans gravité, à des désordres beaucoup plus sérieux.

Si ces désordres préexistent avant les acquisitions nécessaires à la station debout, alors nous sommes dans le domaine de la scoliose dite *idiopathique*.

Dans ce cas, les désordres liés à un réglage anormal du diaphragme sont trop importants pour permettre une compensation au moment de régler la station debout. Mais les mécanismes sont les mêmes, à savoir une anomalie dans le réglage de la position des bissectrices d'un hémi-thorax par rapport à l'autre.

Les schémas suivants vous montrent à gauche un pilier fonctionnel hémi-thoracique croisé, symétrique par rapport aux piliers anatomiques. Les flèches montrent l'inspiration, et les doubles flèches l'expiration point fixe à la reprise inspiratoire.

Si les piliers restent au centre, ce qui arrive parfois, la scoliose sera paradoxale.

Au centre et à droite un pilier fonctionnel hémi-thoracique croisé, asymétrique par rapport aux piliers anatomiques, associé à un pilier fonctionnel antéro-postérieur droit ou gauche dans le plan sagittal.

Les points fixes des bissectrices sont croisés d'un hémi-thorax à l'autre, avec un échappement opposé, qui provoque une tension croisée sur les piliers anatomiques, ce qui provoque une rotation vertébrale sur son axe haute ou basse, en fonction de la dissociation ilio-psoïque et du décalage frontal de la verticale.

Ces tensions sur les piliers anatomiques sont évidemment difficiles à représenter, mais on peut comprendre que les tensions qui s'exercent sur eux ne peuvent pas maintenir la verticale, sans provoquer des courbures frontales.

Ici, le parachutiste déplace son parachute et en plus il le fait tourner.

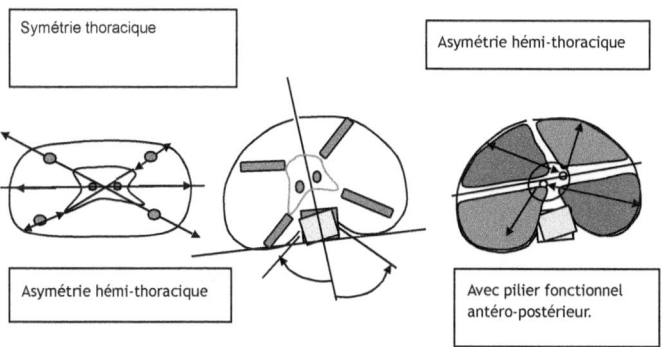

2- Introduction à l'espace abdominal

La dissociation abdominale uniforme

Elle est liée au diaphragme par l'intermédiaire du vide pleural.

La musculature abdominale est très complexe.

En effet, attachée aux six dernières côtes, elle est liée à la mécanique thoracique. Attachée au bassin elle est liée à sa mobilité.

Enfin, attachée au rachis, elle est également liée à sa forme et à sa mobilité.

L'espace intra-abdominal est contrôlé par le transverse de l'abdomen et par les obliques orientés comme les intercostaux auxquels ils sont liés. Comme le thorax, l'abdomen est séparé en deux espaces complémentaires.

L'espace sus-ombilical et l'espace sous-ombilical

Ces deux espaces sont liés pour former le centre intra-abdominal, intermédiaire obligé aux centres bronchiques.

L'espace sus-ombilical est compris entre le centre des faisceaux du transverse, formant l'unité de surface du transverse, et les faisceaux des obliques sus-ombilicaux croisés. Il est lié au thorax attaché aux 6 ou 7 dernières côtes.

L'espace sous-ombilical est compris entre l'unité de surface du transverse et l'attache sur le bassin des obliques sous-ombilicaux.

Ces deux espaces sont liés d'une façon uniforme, pour répondre à une fonction uniforme du thorax.

Ce qui veut dire que si le bassin ou le thorax prend son indépendance l'un par rapport à l'autre, la musculature abdominale se scinde en deux parties: une partie liée à la mobilité du thorax, et une partie liée à la mobilité du bassin.

Les deux espaces n'étant pas séparables, ils vont devoir cohabiter d'une manière différente.

Si le thorax s'ouvre de façon uniforme, c'est que le diaphragme se contracte de façon uniforme, et le vide pleural agit de façon uniforme. L'abdomen lié au vide pleural réagit de façon uniforme pour sa contraction ou son relâchement.

Dans le cas d'une fonction thoracique particulière, vous aurez une liaison abdominale particulière, liée à un vide pleural qui agit différemment.

Dans ce cas vous aurez une dissociation abdominale non uniforme, et je vous l'ai dit, elle se traduira par une mobilité abdominale différente dans les deux temps respiratoires comme pour le thorax.

On peut leur donner les noms **d'espace abdominal thoracique**, et **d'espace abdominal pelvien**.

La dissociation abdominale non uniforme et les piliers fonctionnels

Entrainés dans un système non uniforme par le diaphragme et le vide pleural, l'équilibre entre ces deux espaces est rompu. Ces deux espaces se spécialisent comme les angles thoraciques.

Un espace dévolue à l'inspiration et un espace pour l'expiration. Je l'ai dit, cette dualité respiratoire est souvent facile à constater.

C'est la fragmentation abdominale.

Dans ce cas, les faisceaux abdominaux des grands et des petits obliques liés au thorax modifient leur orientation pour répondre aux orientations des intercostaux.

Les piliers fonctionnels sont organisés dans l'espace abdominal pour remplacer les piliers anatomiques et conserver la verticale.

Pour cela, ils doivent répondre à la fois aux sollicitations du bassin et du thorax, ce qui provoque la rupture entre les deux.

Nous avons vu avec le thorax l'apparition des piliers fonctionnels antérieurs, postérieurs, ou croisés.

Avec l'abdomen nous voyons apparaitre les piliers fonctionnels sus ou sous-ombilicaux liés à la rupture thoraco-pelvienne.

3- Introduction à la mécanique pelvienne

La dissociation iliaque/psoas et l'angle d'orientation pelvien par rapport à la verticale

L'angle normal est déterminé par la position centrée sur une ligne qui va de la 3ème lombaire à l'ombilic.

La 3ème lombaire car elle est à l'attache des piliers anatomiques.

L'ombilic car il est au centre de l'attache des grands droits par lequel passe l'unité de surface ombilicale, qui sépare les deux espaces abdomino-thoracique et abdomino-pelvien.

Le bassin c'est la 6ème vertèbre lombaire. Il appartient normalement à la courbure lombaire car il est mobile avec elle, participant à l'augmentation ou à la diminution de sa courbure.

Il est donc lié à la position des zones de transition vertébrale.

Mais il est lié également au système musculaire poly-articulaire de la coxo-fémorale. Ce qui va nous amené à l'articulation des chevilles.

La dissociation ilio-psoïque est liée à la verticale et engendre un réglage très précis de la courbure lombaire et de l'angle du bassin sur la verticale.

Si la relation psoas iliaque coxo-fémorale 3ème lombaire est modifiée, il y aura un décalage des zones de transition vertébrales vers le haut ou vers le bas, et une nouvelle organisation thoraco-abdominale.

Nous avons vu apparaitre deux centres, bronchique et abdominal, fonctionnant de façon uniforme comme deux ballons de football.

C'est la dissociation du psoas et de l'iliaque qui permet de former une courbure lombaire déformable et de positionner les piliers du diaphragme au centre.

Il faut que ce réglage soit très précis, il ne correspond pas à la notion de puissance musculaire toujours d'actualité...les bêtises ont la vie dure.

Le bassin, comme la coque d'un voilier soumis aux roulis, est aussi dépendant de la direction du courant.

Si vous observez autour de vous les membres inférieurs, vous pourrez avec un peu d'attention constater que la verticale passe en avant ou bien en arrière de l'articulation des chevilles.

Une observation facile à faire dans le métro, lorsque l'on voit des personnes monter, mais qui soudain empêche la fermeture des portes à cause de leur derrière qui coince les portes.

En fonction de la position de la verticale qui passe par les chevilles, le bassin ne peut pas se comporter de la même manière dans le réglage de la verticale.

L'image suivante vous montre l'organisation normale des faisceaux musculaires autour du centre de la courbure lombaire liée à la verticale.

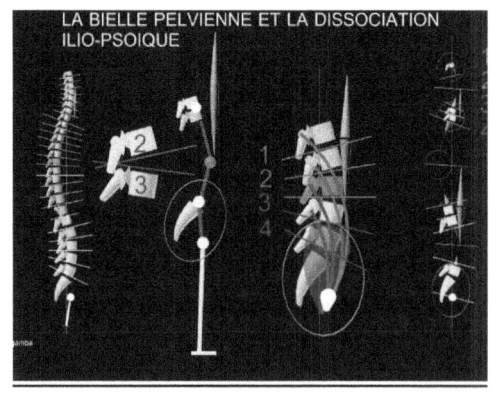

Décalage de la dissociation du psoas et de l'iliaque

La rupture de la dissociation ilio-psoïque normale modifie la position de la verticale.

Si la dissociation ilio-psoïque se décale vers le bas, vous aurez une phagocytose de la courbure lombaire par la courbure dorsale, une accentuation de l'angle du bassin sur la verticale et une dissociation cheville coxo-fémorale.

L'angle du bassin sur la verticale et celui de la cheville sont liés fonctionnellement.

Si la dissociation ilio-psoïque se décale ver le haut, vous aurez à l'inverse une phagocytose dorsale par la courbure lombaire, une diminution de l'angle du bassin sur la verticale et une dissociation cheville coxo-fémorale.

La rupture de la liaison de l'iliaque et du psoas provoque le remplacement des zones de déformation par une ou plusieurs articulations.

On entre dans le domaine des décrochements vertébraux et des détériorations discales.

L'image ci-dessous vous montre à gauche une courbure lombaire harmonieuse, avec une dissociation ilio-psoïque centrée sur les attaches des piliers anatomiques, et une faible compression discale étagée.

A droite, une dissociation ilio-psoïque centrée par une articulation lombo-sacrée.

Dans ces conditions, la zone de transition D12 L1 est remplacée par une zone de transition L4 L5, et l'apparition de mes casse-noix.

Un casse-noix pour le déjettement postérieur et un casse-noix pour le rétablissement de la verticale.

Observez bien avec cette image, la différence dans l'organisation du psoas iliaque.

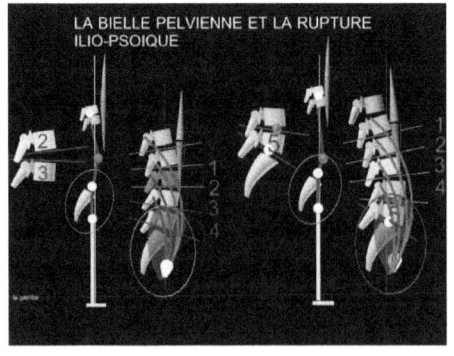

4-Introduction à la mécanique des membres inférieurs

La sinusoïde des membres inférieurs

Elle commence à l'articulation tibio-tarsienne, c'est la base de départ de la position debout.

La liaison tibio-tarsienne, coxo-fémorale, et lombo-sacrée, a pour fonction le réglage de l'angle lombo-sacré.

La liaison avec la verticale se fait par l'intermédiaire d'un système mono-articulaire, doublé d'un système poly-articulaire.

Ce système met en jeu deux articulations associées à la dissociation ilio-psoïque qui donne à la colonne lombaire sa courbure en liaison avec la verticale.

Le premier système forme la sinusoïde des membres inférieurs chargée de fixer les genoux.

Le second forme la sinusoïde des M.I. liée au bassin chargée du réglage de l'angle lombo-sacré.

Je le répète, sans la compréhension des mécanismes des membres inférieurs, il n'est pas possible de comprendre par exemple une douleur du calcanéum, ou bien les contraintes sur le tendon d'Achille qui conduisent à la chirurgie.

Les schémas suivants vous montrent ces rapports

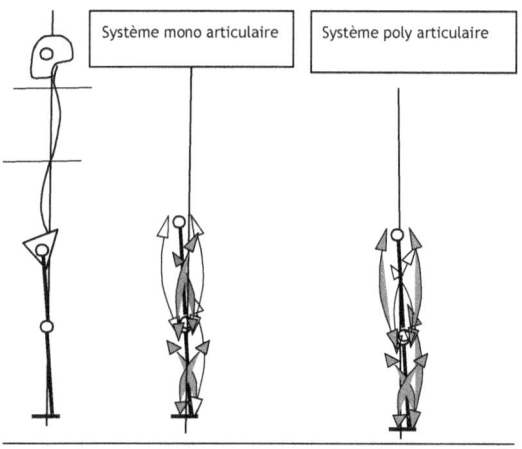

La liaison avec le bassin et le rachis passe par les éléments poly-articulaires.

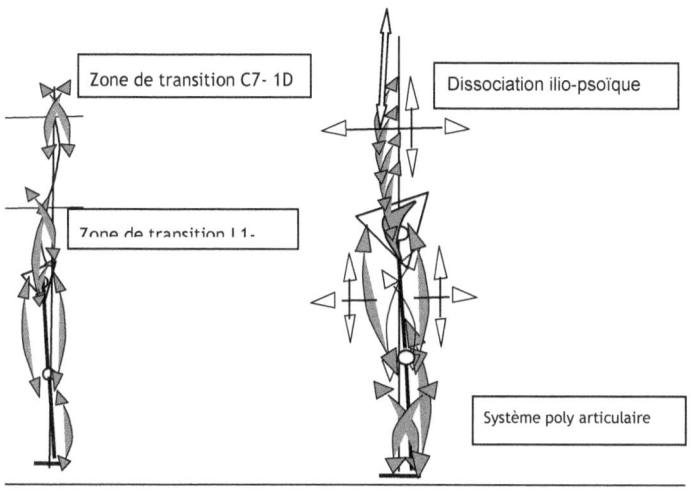

Zone de transition C7- 1D

Dissociation ilio-psoïque

Zone de transition L1-

Système poly articulaire

5- <u>Introduction à la mécanique du rachis</u>

Je l'ai dit pour le thorax et je le répète, étudier le rachis tout seul est complètement idiot.

Il faut commencer comme le fait la nature par la mise en place de la mécanique respiratoire.

Elle nous conduit à la mécanique abdominale, puis pelvienne, et enfin aux membres inférieurs.

Si on exclu les malformations congénitales ces troubles ont un même responsable.

Que vous preniez les anomalies discales, cervicales dorsales ou lombaires de la coxo-fémorale des genoux ou des pieds, vous trouverez toujours en cherchant bien une anomalie dans le positionnement de la verticale.

Pour comprendre, car ce n'est pas facile, il faut partir du sol qui est le seul point de référence accessible car c'est le même pour tout le monde.

Personnellement, je n'aurais jamais compris la mécanique thoracique si je n'avais pas été intrigué pendant plusieurs années par le positionnement de la tibio-tarsienne par rapport à la verticale, ainsi que par l'intervention des articulations des genoux dans l'organisation de la verticale chez certains sujets.

Le rachis ne peut pas être séparé car il complète les deux espaces thoracique et abdominal.

La verticale et les zones de transition vertébrales

Les zones de transition correspondent aux points que vous choisissez pour placer vos mains, quand vous voulez redresser une branche qui a la forme d'un S.

Ils vous permettent de la redresser sans la casser. Il vous faut évidemment trois mains.

Une articulation correspond à la position des mains que l'on adopte si on veut casser la branche.

Les points de transition du rachis permettent le redressement des courbures sans articuler. Au niveau du rachis cela correspond à ce que j'appelle la "fonction casse-noix", quand vous remplacez une déformation par une articulation.

Vous écrasez le corps vertébral et les deux disques correspondants, symétriquement ou asymétriquement si une des branches du casse-noix reste fixe par rapport à l'autre. (Schéma ci-dessous).

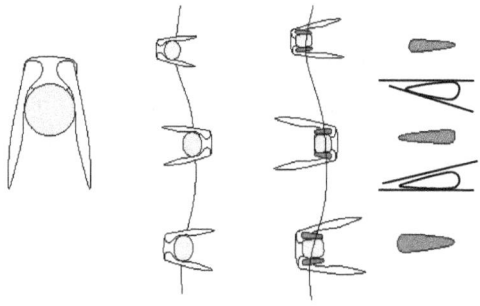

Organisation des zones de transition: les dissociations poly-articulaires

Les zones de transition sont celles qui subissent les changements d'orientation, par rapport à la verticale afin de la conserver.

Nous avons deux zones de transition idéales liées à la verticale.

Il s'agit des septième et huitième vertèbres cervico-dorsales, et des douzième et première vertèbres dorso-lombaires. Elles sont sur la verticale contrôlées par les muscles spino-prévertèbraux et le psoas iliaque.

Cette localisation est essentielle, si on veut avoir une mobilité segmentaire et non pas articulaire.

Les dissociations poly-articulaires les plus importantes pour le rachis sont:

- La dissociation ilio-psoïque que nous avons vu avec la mécanique pelvienne, liée à la zone de transition dorso-lombaire.

- La dissociation spino-prévertébrale, liée à la zone de transition cervico-dorsale.

L'image ci-dessous vous montre les deux zones de dissociation directionnelle associées aux piliers anatomiques et au centre phrénique.

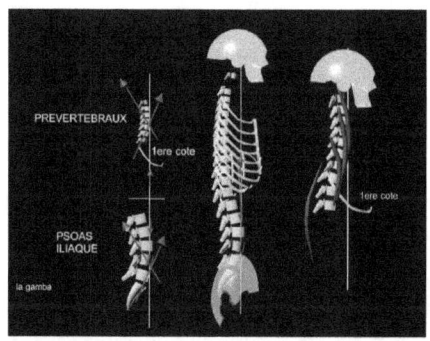

En décalant une zone de transition vous pouvez réduire le nombre de vertèbres d'une courbure au profit d'une autre.

C'est le décalage des zones de transition qui fait apparaitre ce que j'appelle, les "phagocytoses vertébrales".

L'image suivante fait apparaitre une phagocytose de la colonne lombaire par la colonne dorsale qui augmente progressivement de gauche à droite.

Cela conduit à une fonction "casse-noix" qui correspond de plus en plus à l'emplacement que vous adoptez pour casser la branche.

Rassurez-vous, vous ne casserez pas le rachis, mais les déformations que vous pouvez constater à droite engendrent des détériorations discales qui peuvent conduire à la chirurgie.

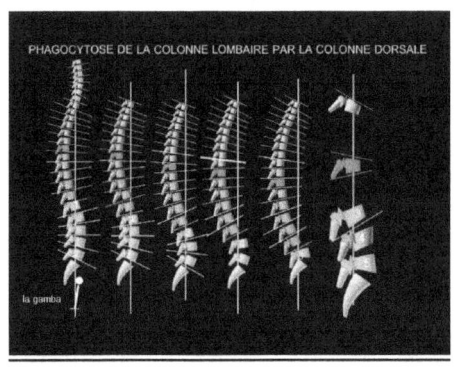

La verticale passe par les otolithes, la zone de transition C7 D1, le centre phrénique, les piliers du diaphragme, la zone de transition 12D L1, le disque L5 S1, l'articulation coxo-fémorale, pour finir à l'articulation des chevilles.

Cela fait beaucoup de réglage pour la position verticale lorsque l'enfant se redresse. Mais la nature a fait une grande partie du travail notamment en ayant réglé le thorax avec le centre phrénique jusqu'à l'ombilic.

L'observation d'un rachis vous montrera le plus souvent une phagocytose des colonnes dorsales ou lombaires.

La colonne dorsale possède fonctionnellement douze vertèbres. Si elle absorbe deux ou trois lombaires, elle peut en avoir quatorze ou quinze avec une nouvelle zone de transition plus basse.

Mais vous pouvez avoir avec un dos plat une phagocytose de la colonne dorsale par la colonne lombaire qui passe de cinq vertèbres à sept ou huit.

Dans ces conditions, vous avez une nouvelle zone de transition par laquelle passe la verticale, donc une réorganisation des courbures en liaison avec une position différente du bassin, de la coxo-fémorale et de la tibio-tarsienne.

Les schémas ci-dessous vous montrent une phagocytose des colonnes cervicales et lombaires par la colonne dorsale. Vous pouvez voir un décrochement articulaire qui remplace une compression symétrique des disques par des compressions asymétriques.

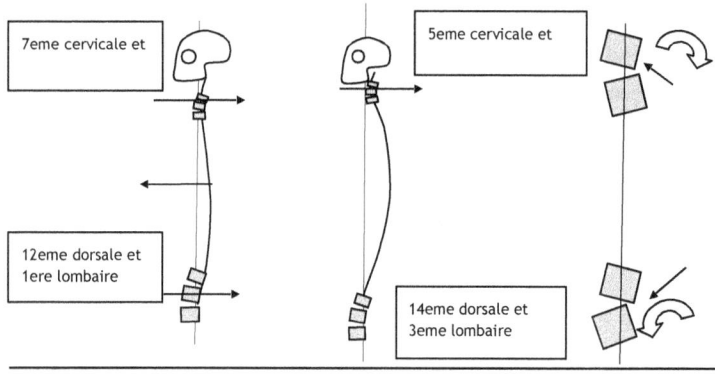

L'image ci-dessous vous montre à gauche les articulations des chevilles, de la coxo-fémorale, la position de l'angle du sacrum et la zone de transition D12L1.

J'ai placé entre les chevilles et le centre de la courbure lombaire une ellipse avec deux flèches qui indiquent le sens de la rotation des aiguilles d'une montre.

A droite, j'ai placé au dessus une deuxième ellipse qui va du centre de la courbure lombaire au centre de la courbure dorsale, avec une orientation des flèches inversée, qui indiquent une rotation inverse des aiguilles d'une montre.

Puis une troisième ellipse qui va du centre de la courbure dorsale au centre de la courbure cervicale, avec un sens de rotation dans le sens des aiguilles d'une montre, donc inversée par rapport à la précédente.

Enfin, une quatrième ellipse entre le centre de la courbure cervicale et l'articulation de la tête.

Ces ellipses de rotation inversée font apparaitre les centres d'inversion des courbures vertébrales.

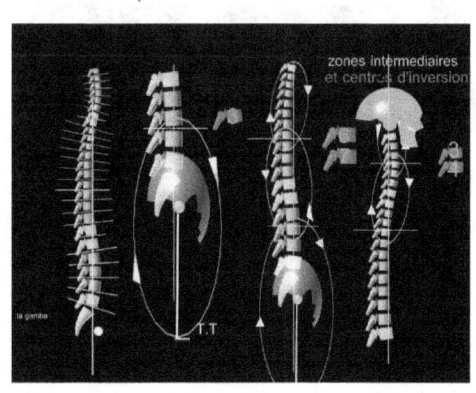

On peut les constater sur l'image suivante avec l'accentuation des courbures du rachis et le décalage de l'angle des chevilles vers l'avant, ce qui maintient les zones de transition sur la verticale.

Le rachis doit être en S si on veut éviter les percussions trop brutales, c'est important, mais la verticale ne doit pas se déplacer par rapport aux zones de transition.

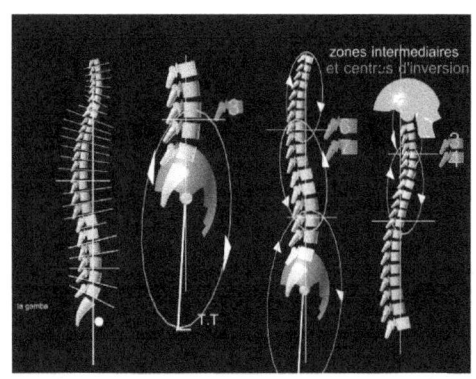

6-Introduction aux désordres rachidiens

Les dorsalgies

Il s'agit de la courbure vertébrale comprise entre les courbures cervicales et lombaires.

Pour comprendre la mécanique du dos il faut partir des bêtises, c'est le plus aisé...

Si vous êtes vouté, on vous demandera toujours de vous redresser.

C'est facile, l'observation extérieure vous a montré ce qu'est un dos vouté, c'est un arc qu'il suffit de redresser.

Si je vous demande de redresser la courbure de votre dos, vous allez dans votre tête redresser un arc, car vous ne voyez pas votre dos.

Si je vous demande maintenant de remplacer votre dos par un arc normal à trois courbures, que vous connaissez bien, vous voilà devenu Robin des bois.

A la place de votre colonne vertébrale, vous avez maintenant un arc mais à l'envers si vous regardez devant vous.

Mais vous savez qu'en tirant sur le cordon d'un arc vous fermez la courbure de l'arc ou du dos.

Si vous voulez redresser l'arc ou le dos, il vous faudra placer le cordon dans la convexité de l'arc.

Mais me direz-vous c'est ce que je fais avec les muscles de mon dos.

Très bien mais où est la cible ?

Si vous êtes Robin des bois vous devez savoir:

- Que la main qui tient l'arc doit être au milieu.

- Que la main qui tient le cordon doit être aussi au milieu.

- Enfin que vous devez contrôler les deux extrémités de l'arc pour atteindre la cible.

En effet, si en redressant le dos la tête part en arrière, ou le bassin part vers l'avant, la flèche partira dans les nuages, où alors vous transpercera les pieds.

Moyennant quelques précautions vous pouvez obtenir le contrôle de ces trois points.

Vous pouvez utiliser la musculature de votre dos pour ouvrir l'arc effectivement, mais votre dos a aussi un cordon comme un arc, c'est votre thorax.

Pour que l'arc vertébral s'ouvre avec les muscles de votre dos, il vous faut enlever le cordon placé devant, ou le remplacer par un élastique. Vous ne pouvez pas enlever le thorax mais heureusement il est élastique.

Il est élastique car il est constitué des muscles intercostaux et abdominaux qui peuvent se relâcher.

Si vous êtes sérieux vous contrôlez trois points. La main au milieu de l'arc et des muscles du dos qui ouvrent l'arc, et les deux extrémités de l'arc qui ne bougent pas placés sur la verticale.

Il ne vous manque plus que l'endroit où placer la flèche pour atteindre la cible.

Les chapitres précédents relatifs à la mécanique thoracique et abdominale vous ont appris où se trouve le centre de l'arc vertébral à trois courbures: il est a l'ombilic. Evidemment, les intercostaux et les abdominaux s'allongent à partir de l'ombilic vers le haut et le bas, mais le centre ne se déplace pas si vous voulez atteindre la cible.

Si vous demandez à une personne de redresser son dos, il place la main au milieu d'un arc et le redresse, c'est tout.

Il ne s'occupe ni de l'endroit où il doit placer sa flèche ni des deux extrémités de l'arc. En fonction de la mobilité de son thorax, vous aggravez les décrochements vertébraux.

Maintenant que vous connaissez la mécanique du thorax et de l'abdomen, vous devez vous féliciter d'avoir commencé par là.

Les douleurs vertébrales sont liés à la façon dont vous ouvrez l'arc et à la manière d'utiliser le cordon élastique par rapport à l'ombilic.

Elles sont donc liées à la mobilité des côtes. Si les côtes montent de profil au lieu de se déployer, seule la partie sus-ombilicale du cordon sera élastique. Si les côtes montent de face, c'est la partie sous-ombilicale qui pourra être élastique.

Les schémas suivants vous montrent à gauche un arc, puis ce que faites avec un arc inversée, et enfin un arc à trois courbures qui comprend en plus une tête et un bassin, ce qui n'a plus rien à voir avec un arc.

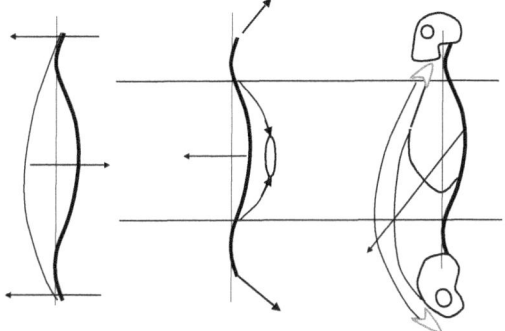

L'arc vertébral dorsal fait partie du thorax, qui est une partie du cordon de l'arc. L'ensemble forme une cage déformable.

L'arc c'est douze vertèbres dorsales et le cordon douze paires de côtes associées à la musculature abdominale.

Pour ouvrir le dos vous ne devez toucher ni à la courbure du dessus ni à celle du dessous.

Les schémas qui suivent font apparaitre les points de liaison de la caisse dorsale.

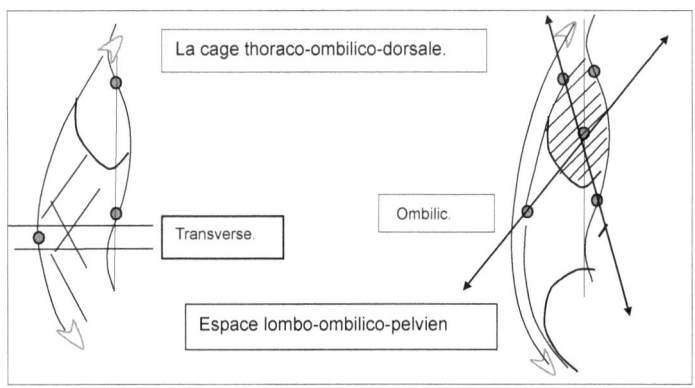

La cage thoraco-ombilico-dorsale.

Ombilic.

Transverse.

Espace lombo-ombilico-pelvien

Si on prend les choses de cette façon, vous direz que c'est bien mais aussi que c'est beaucoup trop compliqué.

C'est tout naturel, on vous a toujours appris que redresser son dos était une affaire de volonté dans l'effort, on ne vous a jamais dit qu'il fallait réfléchir.

Si on avait fait la même chose avec le français vous n'auriez jamais su écrire.

C'est la politique du petit pas qui fait la différence.

A partir du moment où on a compris ce que l'on fait, il est plus simple de comprendre ce que l'on doit faire.

L'observation des trois schémas suivants vous montre qu'avec le même dos rond vous ne pourrez pas contrôler votre dos de la même façon, selon l'angle d'orientation des côtes et la position de l'ombilic.

Les schémas vous montrent de gauche à droite, avec un thorax normal, un déploiement thoracique avec les doubles flèches, la main au centre associée à un redressement du dos.

Un thorax épais qui monte avec une seule flèche, la main décalée vers le bas, qu'on peut associer à un redressement du dos.

Un thorax plat qui descend avec une seule flèche, la main décalée vers le haut, que l'on peut également associer à un redressement du dos.

Autrement dit, chaque fois que vous voulez corriger votre colonne dorsale, vous pouvez aggravez les désordres thoraciques à l'origine des douleurs.

C'est pourquoi il est si important de commencer par comprendre la mécanique thoracique, puis la mécanique abdominale pour comprendre la mécanique vertébrale.

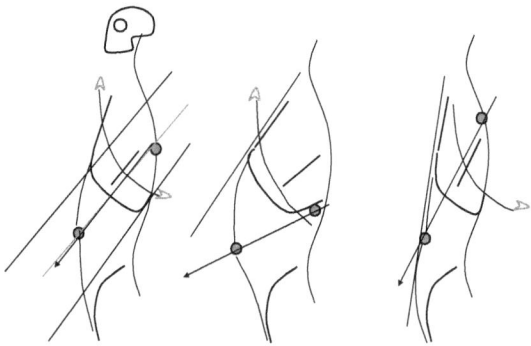

Les lombalgies

J'entends souvent parler de "mal du siècle", mais je préfère quant à moi parler de la "bêtise du siècle", car on peut voir encore de nos jours, au moment où les physiciens sont en mesure faire atterir un satellite d'observation sur une comète, des programmes télévisés montrant des pratiques de musculation abdominales. Les responsables sont les médecins, pas la télévision.

Comme les dorsalgies ou les cervicalgies, les lombalgies sont liées à une mobilité articulaire, qui, selon leur localisation, détermine le niveau de la douleur.

Le mécanisme est toujours le même.

Les pincements ou décrochements symétriques ou asymétriques.

C'est ce que vous montrent les schémas ci-dessous.

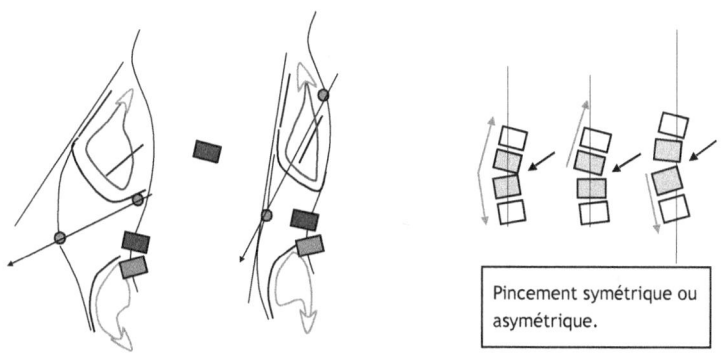

Pincement symétrique ou asymétrique.

La colonne lombaire, siège des lombalgies, est comprise entre la mobilité de la cage thoraco-vertébrale et la mobilité pelvienne.

Si la déformation de la colonne dorsale dépend de la déformation de la cage thoracique, la déformation de la colonne lombaire dépend de la mobilité de l'articulation coxo-fémorale et de son positionnement, qui dépend lui-même des rapports de la sinusoïde des membres inférieurs.

C'est en réglant la mobilité de ses membres inférieurs sur la verticale que l'enfant va positionner l'angle du sacrum.

Il devra ensuite intégrer cet angle aux zones de transition des courbures vertébrales.

Angle un peu trop fermé, un peu trop ouvert, il prépare ses ennuis futurs.

Je connais bien les difficultés liées au réglage des membres inférieurs avec le bassin, cela m'a pris deux ans environ pour les analyser correctement, car la musculature poly-articulaire une fois mise en place entraine des rapports musculaires de longueur différentes, qui sont très difficiles à corriger.

L'enfant heureusement n'a pas ce genre de problème, aucune raideur ne vient troubler ses réglages.

Avec la dissociation iliaque psoas et abdominale non uniforme, les choses se présentent de façon différentes.

La déformation des courbures sera remplacée par des articulations et les zones de transition du rachis seront remplacées par des liaisons articulaires.

Ce sont ces liaisons qui déterminent les emplacements des décrochements articulaires.

Il faut comprendre que les translations discales asymétriques ne sont observables qu'à partir d'un certain niveau sur des clichés radiologiques standards.

Il faut comprendre que pincement discal et déformation des corps vertébraux cohabitent, c'est-à-dire qu'ils provoquent les mêmes désordres en s'additionnant ou en se contrariant. Cela peut engendrer des fonctions "casse-noix" à n'importe quel niveau du rachis. Les radios n'étant pas précises sur des ensembles, les observations à prendre en compte sont nombreuses, et représentent un travail considérable.

Dans ces conditions, la verticale et les zones de transition vertébrales décrits plus haut, ne correspondent plus à rien.

Les cervicalgies

Elles sont liées à la dissociation des muscles prévertébraux et spinaux qui forment la zone de transition septième cervicale première dorsale.

C'est souvent la mécanique cervicale qui est à l'origine des anomalies dorsales et lombaires, pourquoi ?

Par l'intermédiaire de la ceinture scapulaire, objet de toutes les attentions chez le sujet jeune, la puissance des membres supérieurs. Le responsable ce ne sont pas les gènes, c'est le cinéma.

La courbure cervicale est indépendante de l'espace intra-thoracique.

Malheureusement elle est soumise le plus souvent à une phagocytose dorsale qui réduit sa hauteur de moitié.

Chez le personnes âgées, elle est souvent remplacée par une indépendance de la tête.

7- Comprendre les liaisons

Rachis membres inférieurs

Les schémas suivants sont un exemple de dissociation ilio-psoïque, liée à un angle lombo-sacré normal à gauche, et anormal dans un sens ou dans l'autre que l'on peut rencontrer avec une déformation des corps ou des disques intervertébraux. Ils montrent la correspondance entre la dissociation des éléments polyarticulaires des membres inférieurs et les déformations vertébrales ou discales.

Ces rapports donnent une différence de longueur entre les éléments longs du quadriceps et des ischio-jambiers.

Evidemment on retrouvera les mêmes modifications musculo-squelettiques au niveau intra-abdominal et intra-thoracique liés au déplacement des zones de transition.

Il est impossible de représenter toutes les combinaisons possibles, entre pincement discal et déformation des corps vertébraux.

Ce qu'il faut noter c'est leur impact sur l'orientation des piliers anatomiques.

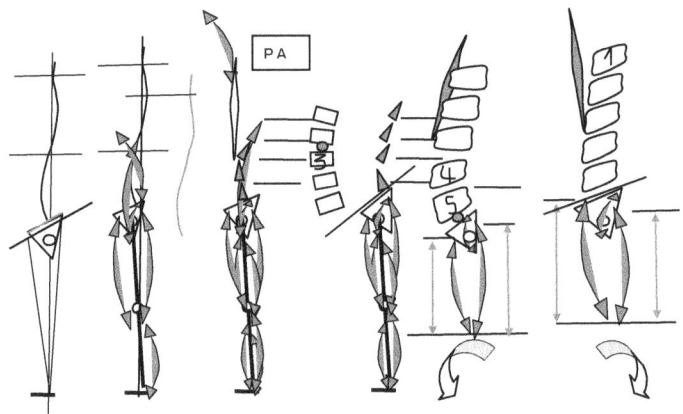

Membres inférieurs abdomen

L'angle lombo-sacré et l'angle thoraco-ombilical.

Ils se rejoignent au centre de l'unité de surface ombilicale, entre l'entrecroisement du grand et petit oblique et le transverse.

Ceci assure la liaison thoraco-abdomino-pelvienne ainsi que le positionnement des piliers anatomiques.

Les deux morpho-types de droite sont une comparaison.

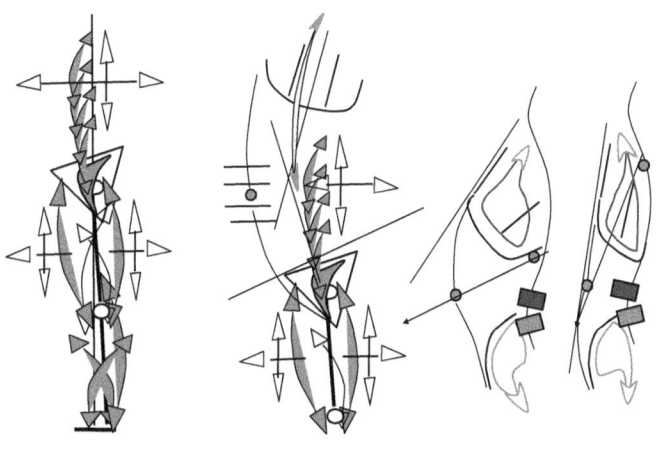

Abdomen thorax

La musculature abdominale est liée aux angles costaux en haut et à l'angle lombo-sacré en bas.

Si on veut renforcer la musculature abdominale, on ne peut le faire qu'en changeant ses rapports.

Les schémas ci-dessous vous montrent la forme des flèches liée au thorax en haut, et au bassin en bas.

Vous voyez tout de suite qu'il s'agit d'un problème d'orientation.

La dissociation ilio-psoïque ne peut pas être la même.

La dissociation ombilico-thoracique et ombilico-pelvienne donne une orientation des obliques particulière.

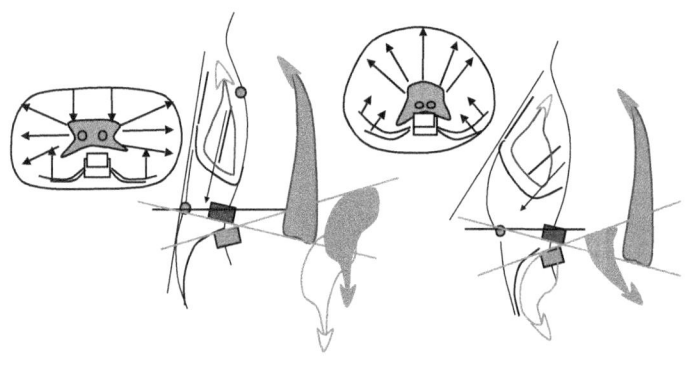

Rachis tête thorax

La mobilité met en jeu une dissociation complexe liée aux insertions musculaires cervico-dorsales, cervico-costales et la tête avec à la fois les cervicales et le thorax.

Le comportement du rachis cervical dépend de la zone de transition cervico-dorsale C7 D1 et de sa liaison avec la tête.

Très souvent cette liaison est cervico-cervicale, car la courbure dorsale haute a perdu sa mobilité.

Il y a une correspondance entre la dissociation ilio-psoïque, qui règle la zone de transition D12 L1 sur la verticale, et la dissociation spino-prévertébrale et la tête qui règle C7 D1.

Schémas ci-dessous.

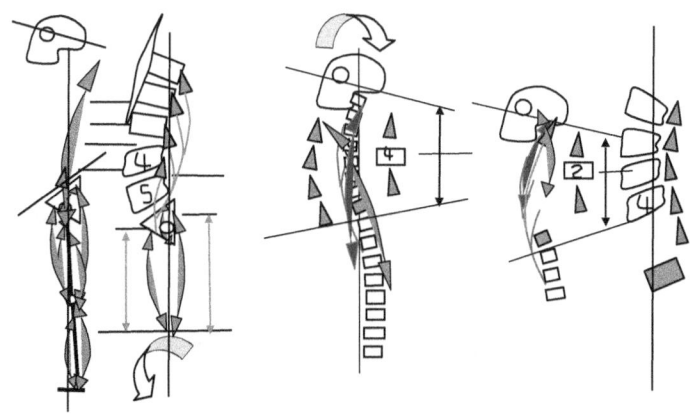

Les traitements à court-terme

Faire taire la douleur.

La prise en charge de la douleur c'est l'affaire du médecin.

Le traitement de la douleur et le traitement des anomalies est un méli-mélo inextricable, lié à la méconnaissance médicale de la fonction squelettique dans son intégralité.

Pourtant, certains plus curieux que les autres s'y sont essayés, s'intéressant à la respiration, ils sont tombés sur le diaphragme et s'y sont brisés les reins.

Traitement de la douleur et traitement fonctionnel ne sont pas compatibles.

Le médecin doit avoir deux exigences qui sont de son ressort.

D'abord faire taire la douleur, il a des armes pour cela.

Ensuite faire un travail d'éducation et de prévention.

Après une douleur qui se répète, le médecin doit bien montrer que son traitement, avec la disparition de la douleur n'a rien résolu du tout. Avec un peu de chance, cela ne tombera pas forcément dans l'oreille d'un sourd, surtout si le sujet prend connaisance des risques qu'il encourt. Le patient devrait être bien conscient qu'on a résolu le problème de la douleur, mais pas des causes qui l'ont provoqué.

Si ensuite le médecin montre le lien entre douleur et mécanisme articulaire, il aura terminé son travail.

C'est ensuite une affaire de spécialité.

Spécialité ? On trouve souvent des résultats à court terme, qui sont souvent utiles. Malheureusement je n'en connais pas qui s'inscrivent dans le long terme.

La douleur squelettique, un "passager" clandestin ?

Vous devez comprendre le squelette et ses troubles car votre attitude en dépend.

Quand une douleur articulaire apparait, le plus souvent au niveau de la colonne vertébrale, après quelques jours la première chose à faire est de consulter son médecin. Il est particulièrement formé pour prendre les mesures de détection et de surveillance qui s'imposent.

La douleur est un "passager" au début anodin, mais qui peut se révéler être un "passager" redoutable.

Il n'y a que des avantages à dire que votre médecin n'a reçu aucune formation sérieuse en mécanique squelettique. Ce n'est en rien lui enlever les connaissances qu'il a reçu, et qui font de lui la première personne à consulter.

Pour vous aider à lutter contre ce "passager", vous avez d'abord les médicaments que vous prescrit votre médecin, puis de nombreuses spécialités, toutes aussi ignorantes les unes que les autres mais qui peuvent vous aider.

Mais ce qui est important c'est de s'intéresser à ce "passager" qui, dans l'ombre maitrise le temps, et vous conduit pas à pas vers toutes les impostures.

Ce qu'il faut savoir c'est que la mécanique squelettique, contrairement à ce que l'on enseigne, à savoir que vous n'avez pas assez de muscles, est d'une extrême intrication.

Le squelette étant d'une extrême complexité les désordres provoqués par un grain de sable ne peuvent pas être rattrapés. C'est en général le temps qui s'en charge, malheureusement pas toujours.

Mais la plupart du temps des douleurs apparaissent, que la nature fait disparaitre sans que l'on en ait le moindre souvenir, sauf si un "passager" a pris sa place, et dans ce cas vous devenez attentif à la douleur et vous la renforcez.

Il est important de savoir qu'une douleur articulaire peut disparaitre naturellement en quelques jours, en quelques semaines, ou en quelques mois.

En quelques jours le "passager" se met en place, en quelques semaines il se frotte les mains, en quelques mois il vous tient à la gorge.

Les douleurs sont bien réelles, mais c'est le "passager" qui règle la partition et c'est un compositeur hors pair.

Vous avez bien compris, le "passager" c'est l'incapacité cérébrale à maitriser la douleur dans le temps.

La douleur articulaire étant le résultat de combinaisons articulaires intriquées accidentelles, elle peut parfois disparaitre en pratiquant des mouvements avec lesquels vous n'êtes pas familiarisés, comme par exemple la natation. En mettant en place de nouvelles combinaisons vos douleurs peuvent disparaitre.

En procédant de cette façon, votre cerveau enregistre une situation accidentelle passagère et le "passager" ne s'installe pas.

Après la première consultation, le recours au médecin disparait, puisqu'il s'agit d'un mécanisme accidentel, celui-ci n'y pouvant rien, cela évite la multiplication des examens qui n'ajoutent rien.

Ainsi, par votre attitude, vous installez entre vous et le médecin un climat de confiance, et au lieu de vous prendre pour un fou il deviendra vigilant.

Mais si le même accident se répète, alors le moment sera venu de s'intéresser sérieusement à votre squelette. Et si vous avez compris que vous êtes confronté à des mécanismes complexes, alors vous porterez à celui-ci la même attention que vous portez à votre voiture.

Ce "passager" est la contrepartie des progrès considérables de la médecine.

Mis en place par les médecins, ce monstre à lui seul doit probablement représenter le montant du déficit des dépenses de la sécurité sociale. Il est là pour longtemps.

Etant un produit de la médecine, il ne pourra pas être traité par la médecine, car cela n'est pas dans son intérêt. C'est un enjeu gouvernemental et éducationnel.

L'adversaire de cet "hôte" passe par la gestion des phénomènes douloureux, qui tôt ou tard devra faire son entrée à l'école. C'est le prix à payer pour le progrès.

Les traitements à long terme: vers une nouvelle approche orthopédique

Elle repose sur la connaissance des mécanismes squelettiques dans leur ensemble, et non pas dans la spécialisation liée à chaque articulation, même si celle-ci est inévitable.

On peut toujours imaginer ce que pourrait faire un chirurgien orthopédiste qui aurait la maîtrise de tous les mécanismes traités dans cette étude avec ses conséquences à long terme.

Avec les moyens qui sont les siens aujourd'hui, et ceux qui ne vont pas tarder à venir, il pourrait changer beaucoup de choses.

Mais on pense surtout aux risques encourus par les patients dans la chirurgie du rachis.

Après les quelques années qui suivent la station debout chez l'enfant, le chirurgien orthopédiste a les moyens de repérer les anomalies qui risquent de gangréner sa vie

Le sujet est difficile, sans aucun doute, mais passionnant.

Dans la plupart des cas nous sommes donc amenés à traiter des pathologies d'origine mécanique telles que le lumbago, la sciatique, les dorsalgies, les cervicalgies.

Notez l'état squelettique du rachis des personnes âgées autour de vous, les résultats de la médecine sont affligeants. Quant aux coûts, ils sont abyssaux.

Qu'elle attitude avoir face à ces désordres auxquels nous sommes confrontés ?

Tout dépend de l'âge.

Après la cinquantaine pour ceux qui ont un système osseux qui ne permet plus les grands changements, on peut comprendre l'attitude qui consiste à rechercher un spécialiste anti-douleur, il en existe beaucoup.

Mais pour les sujets plus jeunes prévenus de la complexité des mécanismes en cause, l'intéresser à son squelette peut apporter beaucoup.

1- D'abord on supprime le "passager" dont j'ai parlé plus haut et c'est beaucoup, car les bêtises n'ont plus de prise.

2- La zone douloureuse cesse d'être le centre du problème, puisque il s'agit de mécanismes intriqués.

3- Disparaissent les médicaments et les exercices miracles hors crise.

4- On porte de l'intérêt à son dos quand il n'est pas douloureux, autrement dit quand on se croit guéri.

5- Les mécanismes étant intriqués nécessitent un certain ordre.

6- S'agissant de mécanismes complexes vous n'en sortirez pas sans aide.

Il s'agit donc de mettre en place une politique à petits pas, autrement dit à des habitudes répétitives.

Conclusion

La douleur articulaire d'origine mécanique, quelque soit son niveau, n'est pas une fatalité. Elle résulte d'une ignorance liée aux mauvais résultats de la médecine que l'on préfère le plus souvent ignorer.

La douleur squelettique d'origine mécanique est un dysfonctionnement polyarticulaire et c'est là toute la difficulté.

La liaison entre dysfonctionnement rachidien et articulation des membres est très difficile à percevoir mais essentielle si l'on veut éviter les interventions inutiles.

Le thorax est une pièce incontournable car liée à la fonction rachidienne, et un ensemble complexe qui en dissuade l'étude.

Mais ce qu'il faut savoir c'est que les progrès les plus spectaculaires se feront avec lui.

Cela ne peut évidemment se concevoir sans une prise en compte précise de ses mécanismes.

De plus, l'évolution des techniques en 3D associée à la précision des informations satellitaires permet d'imaginer un jour que l'on puisse mettre en place un traitement de la lombalgie, de la dorsalgie ou de la cervicalgie qui soit intelligent.

Si les radiographies sont importantes pour la détection de certaines anomalies, elle ne présentent cependant ici que peu d'intérêt car vos douleurs sont liés à la mobilité.

C'est donc la mobilité qui renseigne sur les troubles squelettiques.

L'étude de la mobilité est le premier des petits pas à mettre en place lorsque l'on souhaite endiguer un cycle de dégradation squelettique.

Ce premier pas permet de prendre conscience des anomalies et conduit tout naturellement vers un début de correction.

L'auteur peut vous y aider dans la mesure où vous avez pris la décision d'entreprendre quelque chose. C'est un peu comme si vous décidiez d'arrêter de fumer: les traitements sont là pour vous y aider, ils ne peuvent cependant pas remplacer votre volonté d'y parvenir.

Table des matières

Claude La Gamba

Le diaphragme thoracique

Pour une nouvelle approche des troubles du squelette

Copyright © Claude La Gamba, 2015

Mentions légales: Tous droits réservés. Toute reproduction, même partielle, de cet ouvrage est interdite. Une copie ou reproduction, par quelque procédé que ce soit, constitue une contrefaçon passible des peines prévues par le code de la propriété intellectuelle.

ISBN 978-1517051570

Matisse Avenue Science Books

www.ingramcontent.com/pod-product-compliance
Lightning Source LLC
Chambersburg PA
CBHW070807180526
45168CB00002B/527